インプレスR&D［NextPublishing］

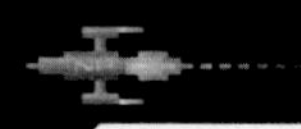

E-Book / Print Book

ソフトウェア技術者のための FPGA入門［機械学習編］

石原 ひでみ 著

ソフトウェアプログラマーも、
FPGAにチャレンジ！

目次

はじめに …… 5

注意事項 …… 5

表記関係について …… 5

第一章　プログラムできるハードウェア …… 7

基礎知識：FPGAとは …… 7

FPGAの得意分野 …… 8

CPUとFPGAの違い …… 9

処理性能 …… 10

パイプライン化 …… 13

割り込みによる実行の中断 …… 15

可変出来るbit長 …… 15

ソフトウェアのFPGA化にあたって …… 16

FPGA開発言語（HDL：Hardware Description Language） …… 17

Verilog HDL …… 17

VHDL …… 17

FPGAの処理構成 …… 17

組み合わせ回路 …… 18

フリップフロップ（レジスタ） …… 18

FPGAの開発フロー …… 18

第二章　開発環境の整備 …… 20

SDSoCとは …… 20

開発環境（Linux環境） …… 20

SDSoCのダウンロード …… 20

インストール …… 27

Accept License Agreements …… 28

SDx Development Environments …… 29

Select Destination Directory …… 30

Installation Summary …… 31

Installation Progress …… 32

インストール完了 …… 33

Vivado License Manager …… 33

ライセンスの取得 …… 34

評価ボード・ロック・ライセンス …… 35

６０日間評価ライセンス …… 35

フルライセンス …… 36

ホスト名とMACアドレス …… 37

起動とライセンスの設定 …… 37

評価ボード …… 39

ZYBO …… 40

ZedBoard …… 40

MicroZed …… 41

ZC702 …… 42

ZC706 …… 42

ZCU102 …… 43

評価ボードの入手方法 …… 43

第三章　ハードウェア・プログラミング（スタートアップ編）…… 46

プロジェクトの作成 …… 46

プロジェクト名の指定 …… 47

ハードウェア・プラットフォームの選択 …… 48

CPUとソフトウェア・プラットフォームの選択 …… 49

テンプレートの選択 …… 51

プロジェクト …… 51

ソースコードの作成 …… 52

コンパイル …… 54

実機で動作確認 …… 55

FPGA化する関数の指定 …… 56

第四章　機械学習ソフトウェア …… 59

アルゴリズムを確立する …… 59

ソースコード …… 61

cnn.c …… 62

perceptron.c …… 71

cnn_main.c …… 76

common.c …… 90

bitmap.c …… 91

Makefile …… 91

関数の構成 …… 92

性能比較 …… 92

ソフトウェアの動作確認 …… 93

第五章ハードウェア・プログラミング（組み込み編）…… 96

ケース０：SDSoCに適用 …… 96

ケース１：関数のFPGA化 …… 102

配列及び構造体 …… 105

SDSoCコンパイル結果 …… 107

評価ボードで実行 …… 109

ケース２：SDSoCのpragmaで転送方式の指定 …… 110

pragmaでsds_allocを指定する …… 115

ケース３：FPGA化する階層を１つ上げる …… 116

ケース４：２つの関数をFPGA化 …… 119

ケース５：上位関数CNNLayerを対象 …… 122

第六章　ハードウェア・プログラミング（チューニング編） …… 125
アルゴリズムの把握 …… 125
FPGA化関数のトレース …… 125
データアクセスの修正 …… 133
上位関数のトレース …… 137
メモリアクセス …… 138
ソースコードのリファクタリング …… 140
ポインタのポインタは処理できない …… 141
メモリアクセスとリファクタリング例 …… 142
生成される回路規模 …… 151
HLSプラグマの適用 …… 154
PIPELINEプラグマ …… 155
UNROLLプラグマ …… 158
エミュレータ …… 161

あとがき …… 167

著者紹介 …… 169

はじめに

ソフトウェアからFPGAやASICなどのハードウェアを開発する手法は古くからあり、ハードウェア業界では一般的に高位合成と呼ばれます。

近年、AIやディープラーニングの勉強会やFPGA関連のコミュニティベースでの勉強会などで、ソフトウェアから高位合成でもFPGAを開発する発表などが多くなってきました。高位合成が目立つようになってきたのは高位合成ツール本体の価格が下がってきていること、また、本書のようなC言語からの高位合成だけではなく、Java・Python・rubyといった言語からも高位合成できるツールなども登場し、FPGAを使うためにわざわざ専用の言語を使う必要性が無くなりつつあるところにあります。

ソフトウェア・エンジニアの中には、「ハードウェア」というだけで毛嫌いされる方もいますが、このように様々がツールが登場したおかげで高位合成自体の敷居も徐々に下がり、その出番が多くなってくることでしょう。これからはますます、FPGAを扱えるソフトウェア・エンジニアが増えてくると考えられます。

筆者は普段、FPGA側のハードウェア・エンジニアとして観点からFPGA関連の記事や同人誌などを執筆しています。本書では逆に、ソフトウェア・エンジニアの目線からFPGAの特性を見る、という観点で機械学習の一つであるCNNをFPGAに適用していくチュートリアル形式で高位合成を行いました。

本書を出版するにあたってご尽力して頂いたインプレスR&D山城様に厚くお礼を申し上げつつ、本書を読んで頂いた皆様にはソフトウェアでのFPGA開発の可能性を感じ取って、FPGA開発を活用したソフトウェア開発にチャレンジして頂ければ幸いです。

注意事項

この本に掲載されているURL、商品価格、入手先などは2017年9月時点のものです。

表記関係について

第一章　プログラムできるハードウェア

近年、FPGAを使用したハードウェア・アクセラレーションの中でもソフトウェアと連携したハードウェア・アクセラレーションが注目されています。Microsoft[1]や百度[2]などの検索エンジンで使用されたり、画像認識などの機械学習や深層学習[3]などに使用されるケースが多くなってきました。また、開発ツールや評価ボードといったハードウェアの入手もしやすくなり、気軽にFPGAを使用したプログラムのハードウェア・アクセラレーションを行うことが可能になってきました。

さて、一昔前のFPGAは、カスタム・インターフェースの処理、ネットワークや映像・放送送信の通信処理や画像処理などで多く使用されてきました。そのような現場ではFPGAのハードウェア開発とソフトウェア開発を切り離して行うことが多く、FPGA開発においてはVerilog HDLやVHDLなどのハードウェア記述言語を使用して開発するケースが多くありました。現在でもそのような分野のFPGA開発ではハードウェア言語を用いた開発が主流となっています。

では、FPGAを開発・利用するためにはハードウェア言語を使用しなければいけないかというと、必ずしもそうではありません。現在ではC言語などで開発を行う「高位合成」という手法でもFPGAを開発することが可能になっており、ソフトウェア・エンジニアでもFPGAを容易に扱うことが可能になってきました。

本書ではC言語で開発された機械学習の1つであるCNN（Convolutional Neural Network：畳み込みニューラルネットワーク）のアプリケーションを題材に、Xilinx社のSDSoCを用いてFPGAでハードウェア・アクセラレーションを実現する方法についての開発例を、実例を交えて解説します。

基礎知識：FPGAとは

FPGAとはField Programmable Gate Arrayの略で、再構成可能なハードウェア[4]です。FPGAの中身は回路を構成するためのロジック、DSP、RAMや専用のハードウェア・マクロなどがあり、これらを組み合わせて専用の回路を作ります。現在のFPGA業界はXilinx社とIntel社（旧Altera社。2015年にIntel社が買収）の二社のデバイスが市場の大半を占めています。

例えば、「ビデオカメラの映像を白黒変換してモニターに映す」というシステムを作る場合、図1-2のようにFPGAで画像フィルター回路を作成し、システムの一部又は単独のシステムとして使用されます。

図1-1：FPGAの構成

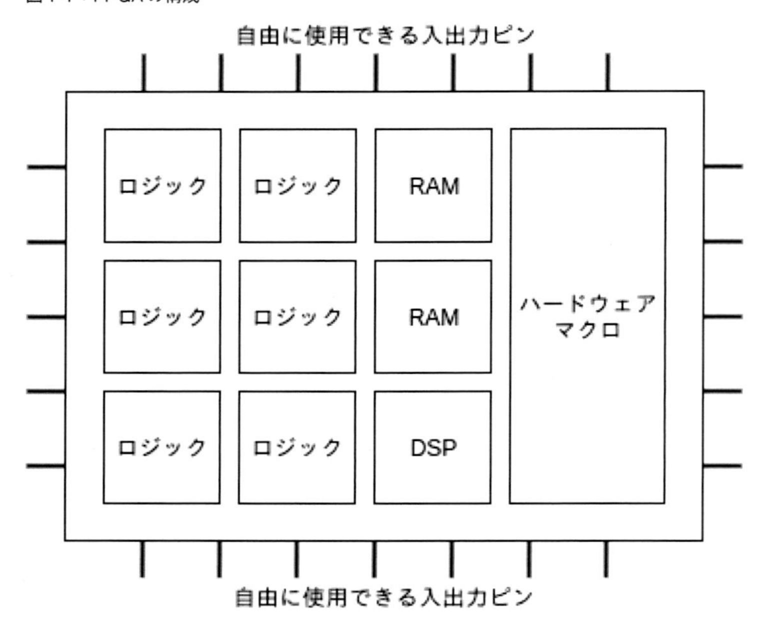

図1-2：白黒画像フィルターのシステム構成例

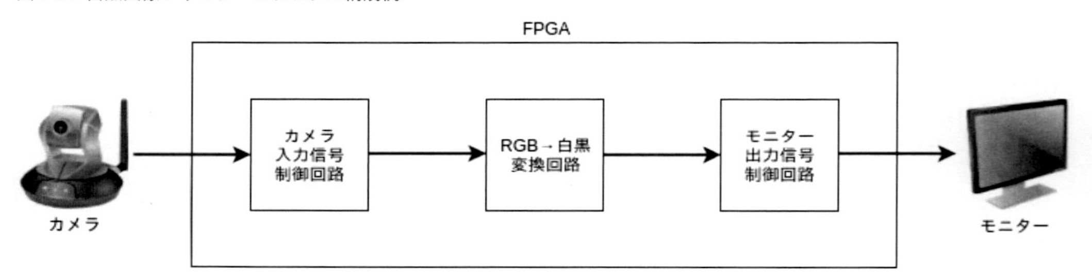

FPGAの得意分野

FPGAを使用してハードウェア・プログラミングを行うためには、FPGAが得意とするところ、そして、FPGAをどのように使用するとメリットが発生するのかを理解してプログラミングする必要があります。

独自回路の設計

FPGAは自由に回路を構成し設計できることから、何らかの目的専用の処理を行う独自回路を開発することができます。例えば、「独自開発の汎用的ではない通信方式」や「特殊な映像効果を与える画像処理」などをFPGA上で独自に回路を開発して実現することが可能です。この時「汎用的な処理を行う回路」とは、CPUの周辺ペリフェラル（UARTやSATA、PCIeなどのインターフェース）などを指します。多くのコンピュータはこれら汎用の回路をハードウェア・コントローラ（ハードウェア・マクロ）として実装しています。そして、汎用のハードウェア・コントローラが実現できないことをFPGAでは実現可能です。

並列処理

FPGAでは処理を並列して行うことができます。CPUではプログラミングされた命令を逐次実行していきますが、FPGAでは同時にいくつでも並列して処理する回路を設計することができます。

例えば、リスト1-1のようにforループ文で100回の乗算をするようなソースコードの場合、一般的にCPUでは100回の乗算を繰り返し行いますが、FPGAではリスト1-2のように100個の乗算器を並べて配置し一度の時間軸に並列に演算することも可能です。

リスト1-1：forループでの演算

```
for( I = 0; i < 100; ++i){
  z[i] = x[i] * y[i];
}
```

リスト1-2：並列に並べられた演算

```
z[0] = x[0] * y[0];
z[1] = x[1] * y[1];
z[2] = x[2] * y[2];
...
z[98] = x[98] * y[98];
z[99] = x[99] * y[99];
```

CPUとFPGAの違い

FPGAを用いたハードウェア・プログラミングを行うためにCPUとFPGAの処理方法の違いを理解しておきましょう。

CPUでのソフトウェア処理

CPUでは、ソフトウェアの実行をプログラムで記述されている順番に、CPUコアに用意されている命令処理回路で処理を行います。図1-3のように、プログラミングされた命令はメモリから読み出され、デコード、実行、メモリに書き戻す一連の動作を繰り返します。

図1-3：CPUの処理

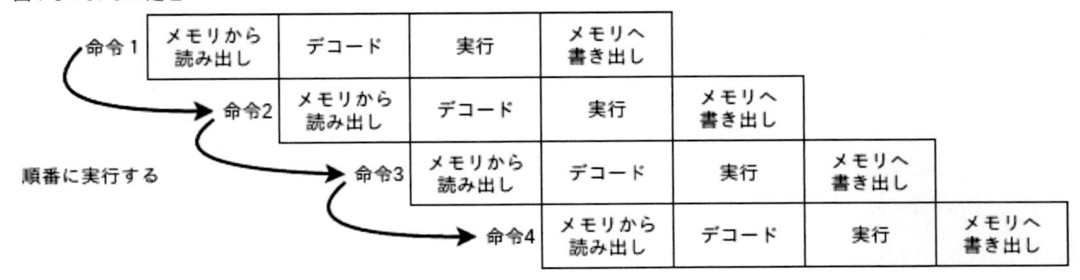

FPGAでのハードウェア処理

一方FPGAは、内蔵されたロジック、乗算器、RAMなどを組み合わせて専用の回路を構成、処理の順番にそって各専用回路を構成し、接続して動作させます。各専用回路は同じ時間軸で動作し、入力される信号がくるとすぐに動作します。

例えば、図1-4のようにFPGA上で入力信号を処理する回路を2つ作成するとこの2つの回路が同時（並列）に処理することが可能です。

図1-4：FPGAの処理

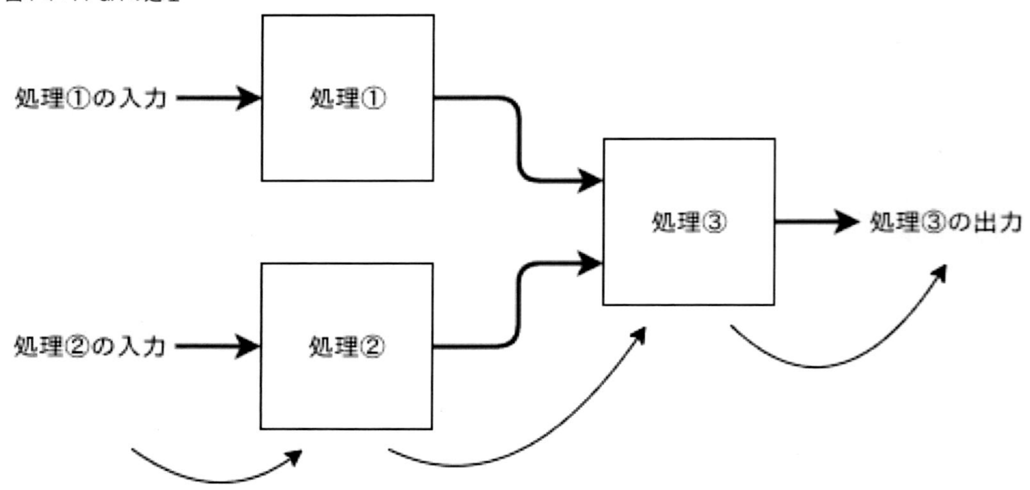

また、CPUでは図1-5のように乗算命令を実行するときは除算や加算、減算回路は使用しないのに動作させたままになります。一方、FPGAは使用しない回路を実装する必要がないので、CPUコアのように無駄な回路を動作させておく必要が無くなります。無駄な回路を動作させないということはそれだけ電力を消費しないということにつながります。つながります。

処理性能

CPUとFPGAで同じ処理を実現した場合にどちらの方が処理性能が良いかというのはこれについては一概に比べることができません。次のようにCPUとFPGAの動作周波数が大きく違うからです。

・一般的に汎用的なCPUは数100MHz～2GHz程度で動作します

・FPGAで設計した回路は一般的に数10MHz～数100MHzで動作します

FPGAとCPU処理の違いは既に述べているようにFPGAが並列処理、CPUが逐次処理である点にあり、同じ動作周波数であれば、並列処理が行えるFPGAのほうが処理能力（スループッ

図1-5：CPUでの演算処理

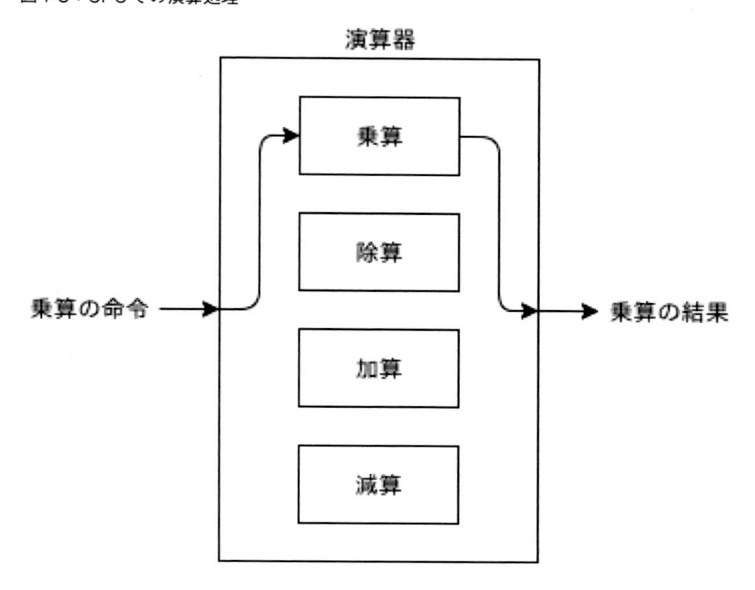

ト）が高くなります。例えば、リスト1-3のような演算式の処理をもとにCPUとFPGAでの処理の違いを見てみましょう。

リスト1－3：演算式

```
y = ( a * b ) + ( c * d ) + ( e * f ) + ( g * h )
```

CPUでの処理

CPUの処理はリスト1-4のようにCPUコアにあるレジスタ（リスト1-4ではr0〜r2がCPUのレジスタ）にメモリから読み込んだ値を代入して演算回路で逐次実行します。

リスト1-4：CPUでの実行例

```
r0 = a
r1 = b
r2 = r0 * r1
r0 = c
r1 = d
r0 = r0 * r1
r2 = r2 + r1
r0 = e
r1 = f
r0 = r0 * r1
r2 = r2 + r1
r0 = g
```

```
r1 = h
r0 = r0 * r1
r2 = r2 + r1
y = r2
```

FPGAでの処理

FPGAでは図1-6のような回路構成にすると一度に演算を完了させることが可能です。

図1-6：FPGAで演算の一括処理

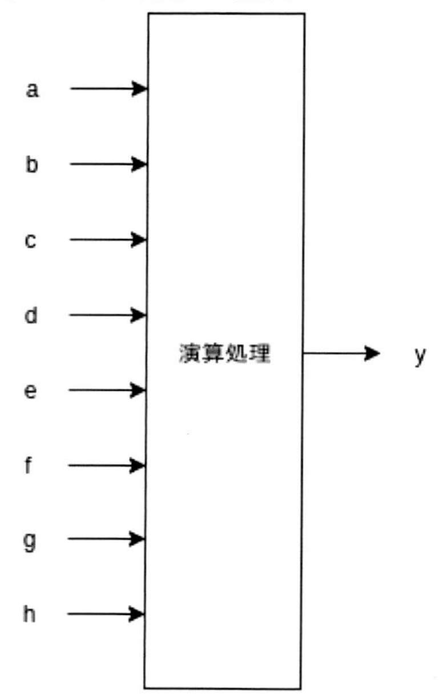

また図1-7のように、演算回路毎に分割し、クロックで同期させる回路を構成することも可能です。この場合は、乗算器及び加算器は同じ時間軸で処理され、結果はそれぞれの演算器を順番に伝達されます。例えば、演算回路の時間軸をクロックで表現した場合は3クロック後に結果がyに出力されます。

FPGAに限らず、処理回路が多いほど結果が出力されるまでに時間がかかるため、一概にどの回路構成が良いかはシステムの設計思想で変わってきます。FPGAでの開発では絶えずこのような並列性の処理を考えながら論理設計を行っていきます。

しかし、リストのような回路を実際にFPGAで設計した場合、最高動作周波数は100MHz（＝1つの演算回路の伝達に10ns）程度になります。例えば、1GHz（＝1命令を1nsで実行）で動作するCPUと比較してみましょう。

CPUは16回の命令を実行するので16nsで演算が完了します。一方、FPGAは3回の信号伝達で演算が完了するので、30nsの時間が必要になります。もし、FPGAの動作周波数が1GHzで

図1-7：演算処理ごとにブロックを分けた場合

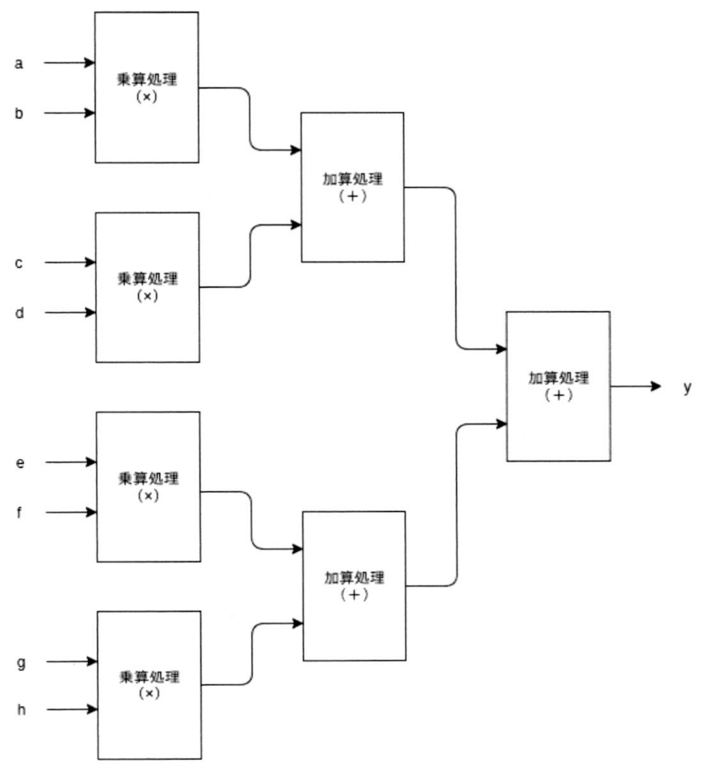

あれば、当然、FPGAの方が処理が早く完了します。

このように、局所的に見ると命令の実行数が多くてもCPUのほうが処理性能が高いと言えます。

図1-8：CPUの処理時間

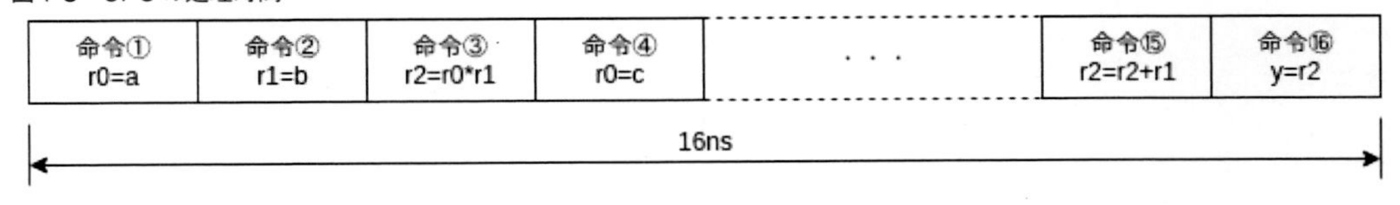

パイプライン化

よくFPGAのメリットの1つとして取り上げられるパイプラインがあります。パイプラインはCPUとFPGAで意味合いが違います。

CPUのパイプライン

すでに同じようなことを述べていますがCPUのパイプラインは図1-10のように「命令実行のパイプライン」です。

図1-9：FPGAでの処理時間

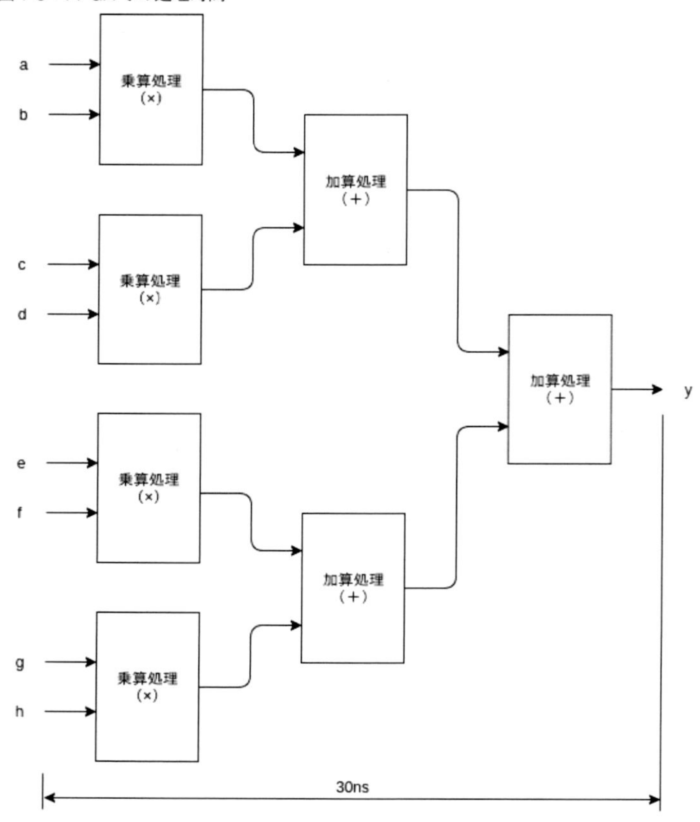

図1-10：CPUのパイプライン

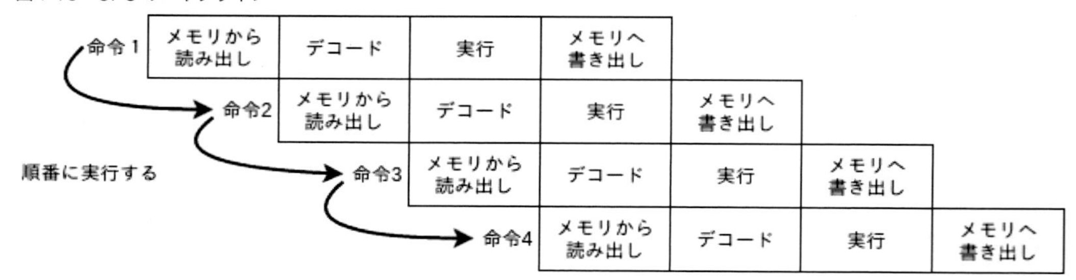

FPGAのパイプライン

FPGAのパイプラインは図1-11のように「処理のパイプライン」を構成することが可能です。

では、FPGAのパイプラインではどのようなメリットがあるのでしょうか。リスト1-1の演算式のyを算出するまでの時間に注目してみましょう。CPUの動作周波数が1GHz、FPGAの動作周波数が100MHzとします。この環境においてCPUでリスト1-2を実行、FPGAでリスト1-4を動作させたとします。1回あたりの演算時間はCPUで16ns、FPGAで30nsと前項で述べました。この点だけを捉えればCPUの方が演算速度が速いことになります。

しかし、図1-12のようにこの演算について10,000回ループ演算を行った場合、CPUでは16ns × 10,000回＝約160 μs、FPGAでは10ns × 10,000回=100 μsとなりFPGAの方が処理速度が速

図1-11：FPGAのパイプライン

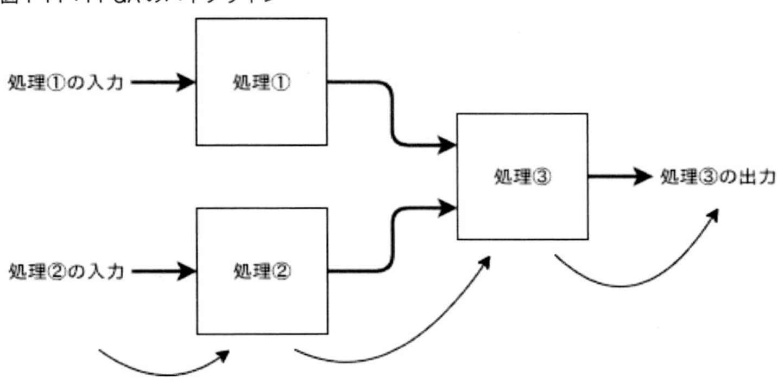

くなります。

このように、FPGAでは処理のパイプラインによってCPUよりも速く演算できるメリットが生まれます。

図1-12：演算を10,000回実行するときの処理比較

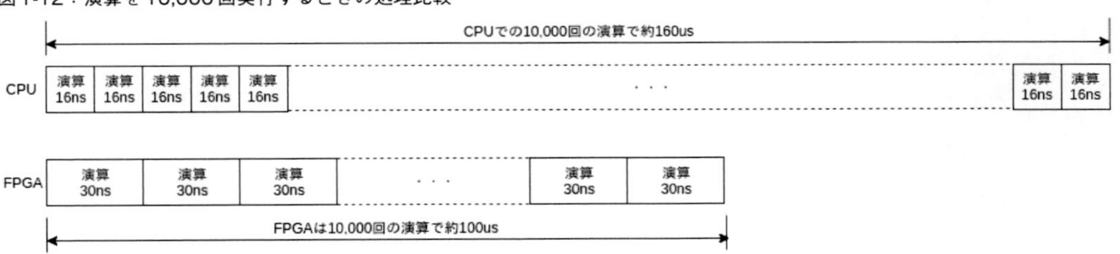

つまり、FPGAを使ったハードウェア・プログラミングで、CPU処理よりも満足な処理性能を得るためには、いかに演算を含めた処理がパイプラインにできるかが非常に大きな要素になります。

割り込みによる実行の中断

CPUでは様々な機能をリアルタイムに制御するために、割り込み処理が使用されます。割り込みの度に現在実行している処理を中断して処理を行います。

FPGAでは並列処理が可能なため、割り込みの必要がないため割り込みによる遅延が発生しません。このことからリアルタイム処理に向いています。

可変出来るbit長

CPUは32bit CPU、64bit CPUといったぐあいに基本的にレジスタの長さが決まっています。32bit CPUで64bit同士の演算を行う場合は、CPUのレジスタ長に合わせて各桁を分解して演算する必要があり、1命令で演算を完了することができません。

例えば、32bit CPUで64bit変数aと64bit変数bの乗算を行う場合は、次のように式を分解し

て計算を行うことになります。

```
(( aの上位32bit * 2^32 ) + aの下位32bit ) * (( bの上位32bit * 2^32 ) + b
の下位32bit )
```

FPGAでは64bitでも1,024bitでも演算回路を用意して処理することが可能です。32bit CPUで4bit同士の演算を行う場合は32bitのレジスタを使用しなければいけないため、28bitの無駄なレジスタも使用しなければなりません。FPGAの場合は4bitの演算回路を用意すれば良いので、無駄な回路を作成する必要がありません。CPUでは使用していないbitでも電力が消費されますが、不要なbitを削減できればそれだけ消費電力を下げることが可能です。

このように同じ演算でもFPGAでは不要な回路が無くなり消費電力を下がります。消費電力の低下もFPGAのもうひとつのメリットです。

ソフトウェアのFPGA化にあたって

ソフトウェアをFPGA化するうえで、無闇にFPGA化を行っても性能を向上するどころか何のメリットも生まれません。CPUとFPGAの得意分野は全く違う方向を向いているので、ソフトウェアをFPGA化するにはここまでに述べたCPUとFPGAの違いをよく理解し、CPUで実行すべきなのか、それともFPGAで実行すれば何らかのメリットが得られるのかを判断する必要があります。

CPUは命令を逐次処理することを一次元と捉えれば、FPGAは図1-13のように三次元的な要素であると思い浮かべてください。ハードウェア・プログラミングにおいては、処理をしている部分が一次元で済む話なのか、三次元に展開したほうにメリットがあるのかを考えながらソフトウェアを構築するようにしましょう。

図1-13：CPUとFPGAの処理イメージ

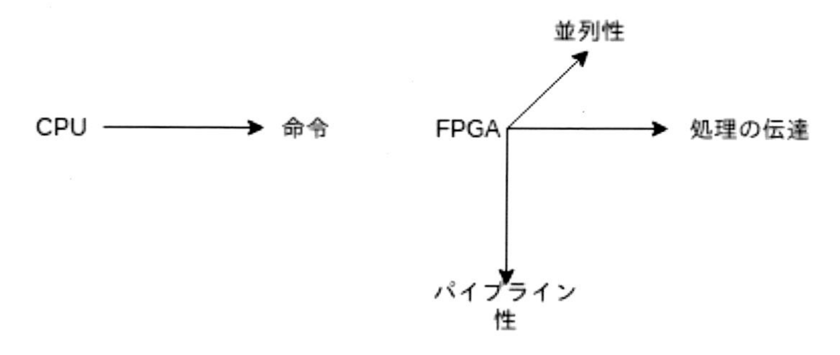

また、ソフトウェアの処理をFPGAに展開して処理性能を向上させるということは、処理をパイプライン化してレイテンシ（処理の遅延時間）を短くして、処理の並列化によってスループット（単位時間あたりの処理能力）を向上させる点も意識したプログラミングが必要です。

図1-14：スループットとレイテンシ

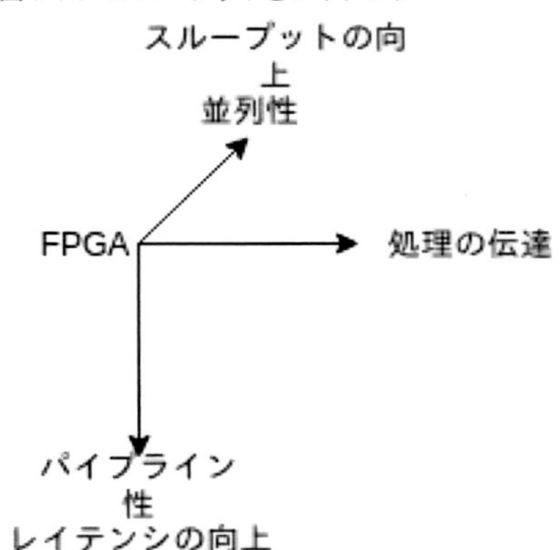

FPGA開発言語（HDL：Hardware Description Language）

FPGA開発は通常、FPGA開発言語（以下、HDL）で論理回路を設計します。HDLはソフトウェアの開発言語のようにたくさんの言語がありますが、主流はVerilog HDLとVHDLの2つです。それぞれの違いは論理記述の厳密さです。

本書ではHDLについて詳しくは述べませんが、ソースコードをコンパイルするとアセンブラなどの中間言語があるように、ハードウェア・プログラミングではこれらの言語がFPGAにコンパイルする際の中間言語になります。

Verilog HDL

Verilog HDLはC言語に似た記述でコーディングすることが可能なシミュレーション言語です。信号の代入ではbit幅が一致していなくても代入を行うことができます。

VHDL

VHDLは信号の代入でbit幅が一致していなければいけない仕様記述言語です。一般的にVerilog HDLよりも厳密だと言われます。

FPGAの処理構成

FPGAは処理構成のために図1-15のように論理回路を作成します。基本的に組み合わせ回路とレジスタ（フリップフロップ）で構成します。

図1-15：FPGAの論理回路

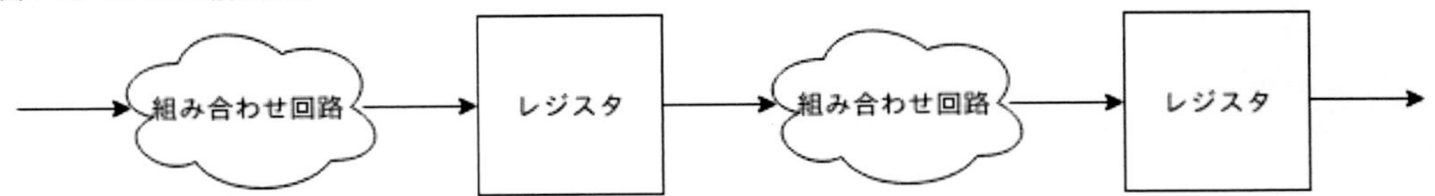

組み合わせ回路

　組み合わせ回路とはソフトウェアのプログラム上では演算部分に当たります。

フリップフロップ（レジスタ）

　フリップフロップ（レジスタ）とはソフトウェアのプログラム上ではメモリ部分、変数や配列などにあたります。

FPGAの開発フロー

　FPGA開発は一般的にHDL（Hardware Description Language）で論理回路を記述（構成）して、論理合成と配置配線を行ってFPGAデバイスの中身を構成するバイナリファイルを作成します。

　本書で解説するように、昨今では様々な高級言語からFPGAを開発できるようになり（高位合成）、HDLを習得しなくてもFPGAの恩恵を受けられるようになってきました。

図1-16：FPGAの開発フロー

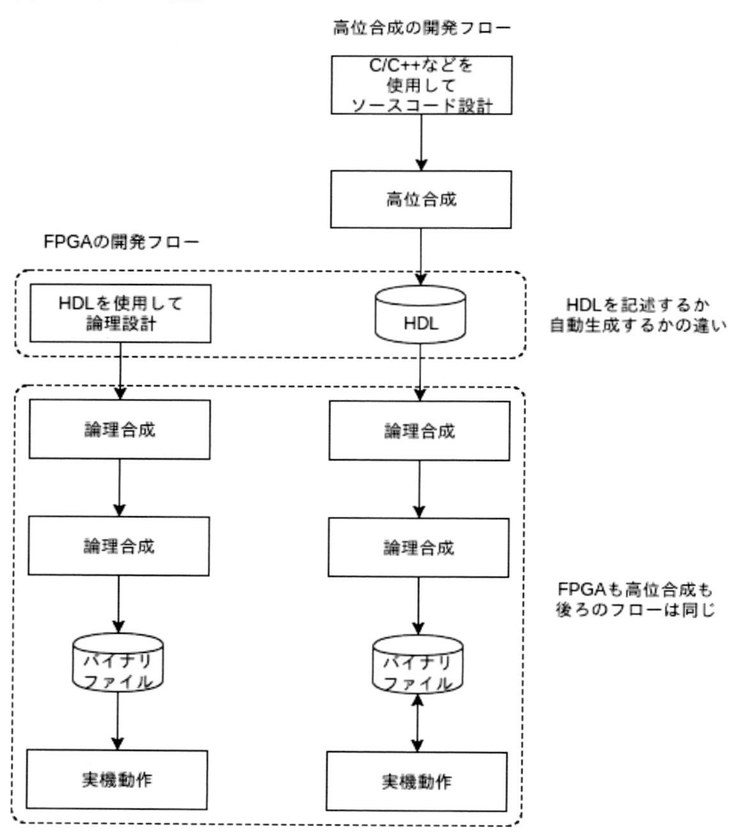

1. マイクロソフトが FPGA をデータセンターに投入、Bing 検索を高速化へ：http://itpro.nikkeibp.co.jp/article/NEWS/20140617/564785/?rt=nocnt

2.Baidu もデータセンターに FPGA 導入か、ディープラーニングで Altera と提携：http://techon.nikkeibp.co.jp/article/NEWS/20140924/378565/?rt=nocnt ザイリンクスの FPGA、Baidu 社の新しいパブリック クラウド アクセラレーション サービスに採用：https://japan.xilinx.com/news/press/2017/baidu-deploys-xilinx-fpgas-in-cloud-acceleration-services.html

3.Microsoft がインテル ® FPGA を活用するディープラーニング向けハードウェア・アーキテクチャーの概要を発表：https://newsroom.intel.co.jp/news/microsoft-outlines-hardware-architecture-deep-learning-intel-fpgas/

4.FPGA にはアンチフューズなどの再構成できないデバイスもありますが現在、FPGA は一般的に RAM やルックアップテーブルなどで回路を構成する再構成可能なデバイスをさして解説されることが多くなっています。

第二章　開発環境の整備

FPGAでハードウェア・アクセラレーションするための開発環境は各社から様々なツールが提供されていますが本書ではXilinx社のSDSoCを使用して開発を行っていきます。本章ではSDSoCの導入方法を解説します。

SDSoCとは

SDSoCとはXilinx社のFPGAを使用した高位合成のアプリケーション開発環境です。FPGAの知識がなくてもソフトウェアをシームレスにFPGAへアクセラレーションする開発ツールです。SDSoCは次のXilinx社のツールも含んだ高位合成の統合開発環境になっています。

- Vivado Design Suite
- Vivado HLS（High Level Synthesis）

SDSoCの開発環境はEclipseベースのIDEが提供されており、FPGAへのアクセラレーションなどの設定を一括で管理し、開発が行えるようになっています。

SDSoCはC/C++で開発したソースコードのうち関数単位でハードウェア・アクセラレーションが可能であり、ソフトウェアを開発したソフトウェア・エンジニアがFPGAやHDLを知らなくても指定した関数をシームレスにFPGAにハードウェア・アクセラレーションする環境を整えてくれます。

開発環境（Linux環境）

本書ではLinux Ubuntu 16.04 LTSをベースPCとしてXilinx社のSDSoCをインストールしてハードウェア・プログラミングを行う開発環境を解説しています。SDSoCは次の環境にインストールすることが可能です。

- Ubuntu 16.04.1LTS（64bit）
- Red Hat Enterprise Workstation/Server 7.2 and 7.3 (64-bit).
- Red Hat Enterprise Workstation 6.7 and 6.8 (64-bit).
- Windows 10 Professional (64-bit)
- Windows 7 and 7 SP1 Professional (64-bit) (SDSoC only)

SDSoCのダウンロード

本書ではSDSoC 2017.2で解説を進めていきます。SDSoCのバージョンが違う場合は適宜、読み替えて進めていってください。

Xilinx社Webサイト（図2-1）の画面上位にあるメニューから図2-2のように「SUPPORT」を選択し、「Download & Licensing」を選択してダウンロードページへ進みます。

図2-1：Xilinx Webサイト（https://www.xilinx.com/）

図2-2：「SUPPORT」メニュー

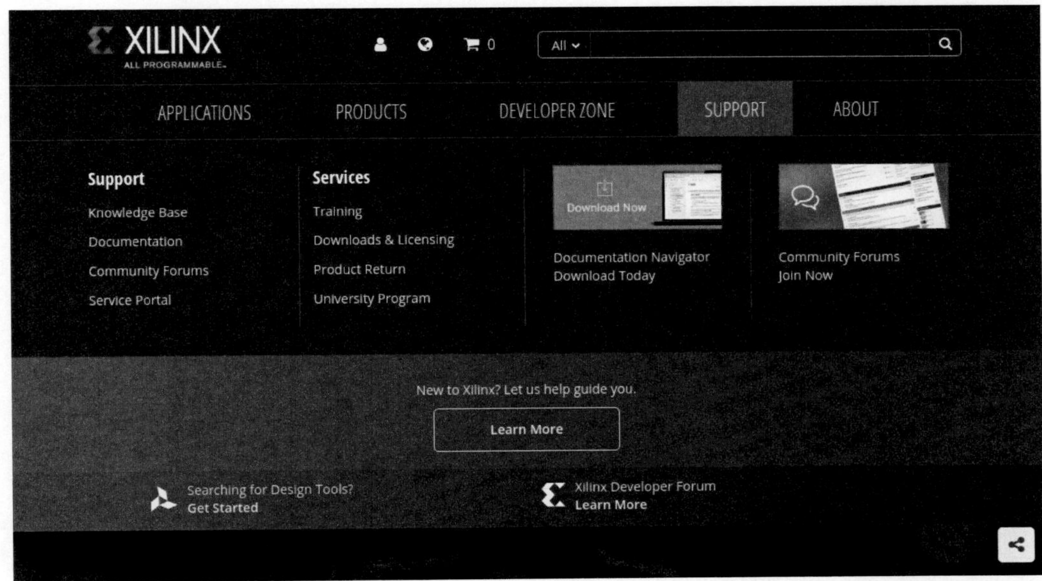

ダウンロードページ（図2-3）ではXilinx社の様々なツールやデバイスのデータをダウンロードすることができます。ここでは「SDx Development Environments」をクリックしてSDSoCのダウンロードページを表示し、次のいずれかを選択します。

・SDSoC 2017.2 web Installer for Windows 64（Windows向けWebインストール版）
・SDSoC 2017.2 web Installer for Linux 64（Linux向けWebインストール版）
・SDSoC 2017.2 SFD（フルダウンロード版）

Xilinx社のダウンロードサイトは混んでいることが多く、ダウンロードに時間がかかります。前者2つのWebインストーラはインストール中にツールをダウンロードするためインストールに失敗するケースが多く、フルダウンロード版をダウンロードしてからインストールすることをお勧めします。

図2-3：SDxのダウンロード一覧ページ

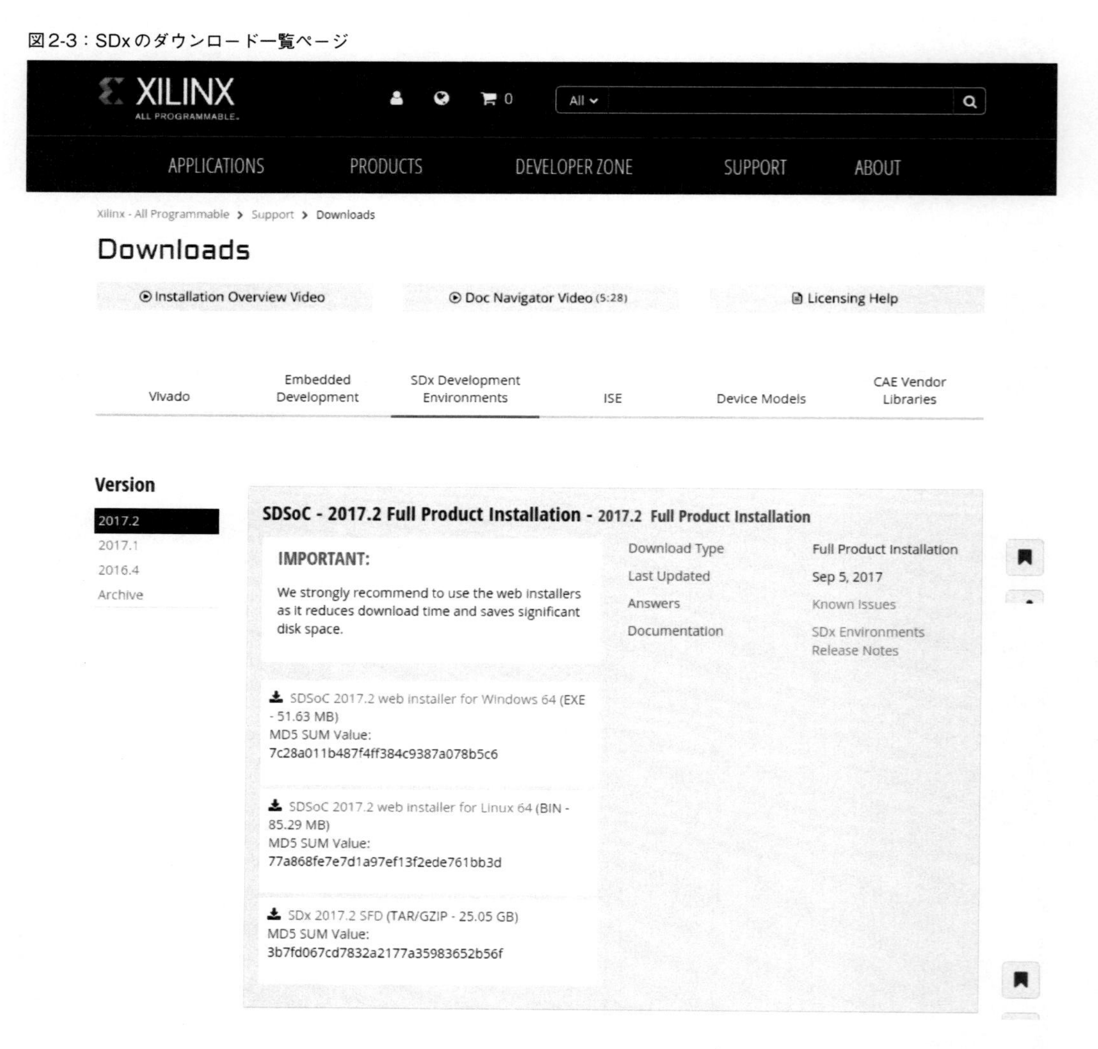

SDSoCをダウンロードする前に使用用途などを入力するフォームが表示されます（図2-4）。

適宜、使用用途などを入力してください。使用用途の入力が完了し次に進むとXilinx社Webページへのログインページが表示されます（図2-5)。Xilinx社Webページへのアカウントがあれば、図2-6のようにアカウント情報の確認ページ、アカウントが無い場合は図2-7のように新規にアカウントを作成してログインします。

図2-4：アンケート入力フォーム

XILINX
ALL PROGRAMMABLE.

APPLICATIONS　PRODUCTS　DEVELOPER ZONE　SUPPORT　ABOUT

SDSoC Download Survey

Thank you for your interest in downloading SDSoC. Please take this brief survey so that Xilinx may better tailor our SDSoC product offering for you.

1. Which of the following best describe your responsibilities? (multiple answers allowed)

- HW-SW partitioning
- HW-SW integration
- Algorithn development
- IP development
- OS BSP developer
- I/O bring up
- Other (please specify)

If you selected other, please specify:

2. How do you plan to develop acceleration IPs with SCSoC? (Select one)

- C/C++ Using Vivado HLS
- VHDL or Verilog using C-callable IP
- Mixed

3. What is your HLS experience? (Select one)

- Launched a product with HLS
- Tried HLS but was not able to obtain the QoR needed
- Very little or no experience
- Other (please specify)

If you selected other, please specify:

4. Which of the following describes your application the best? (Select one)

- Machine Vision
- Computer Vision
- Automotive
- Control
- Wireless Radio
- Wired
- Aerospace and Defense
- Other (please specify)

If you selected other, please specify:

Corporate Email Address:

Continue with Download

図2-5：ログイン入力フォーム

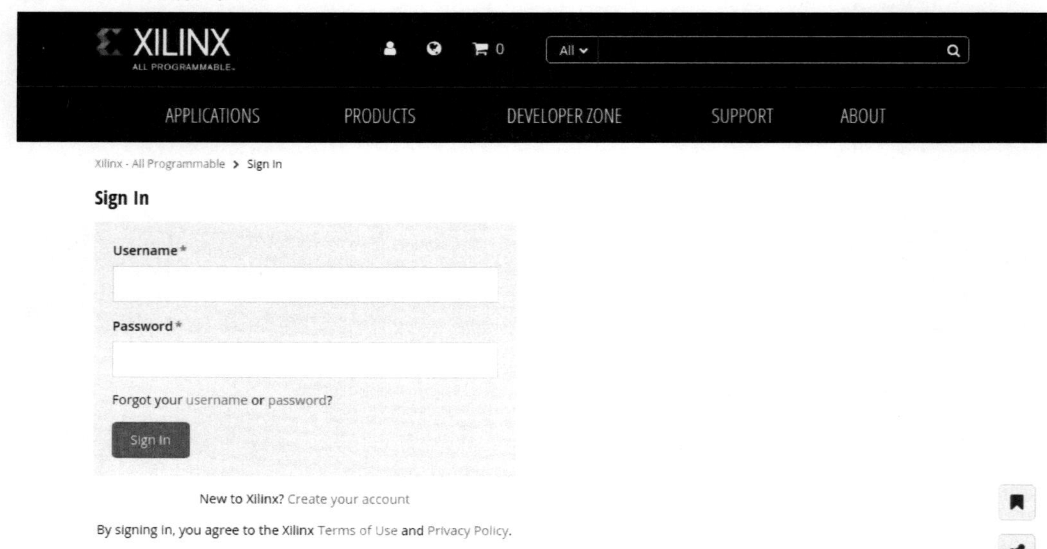

図2-6：アカウントの設定内容の確認フォーム

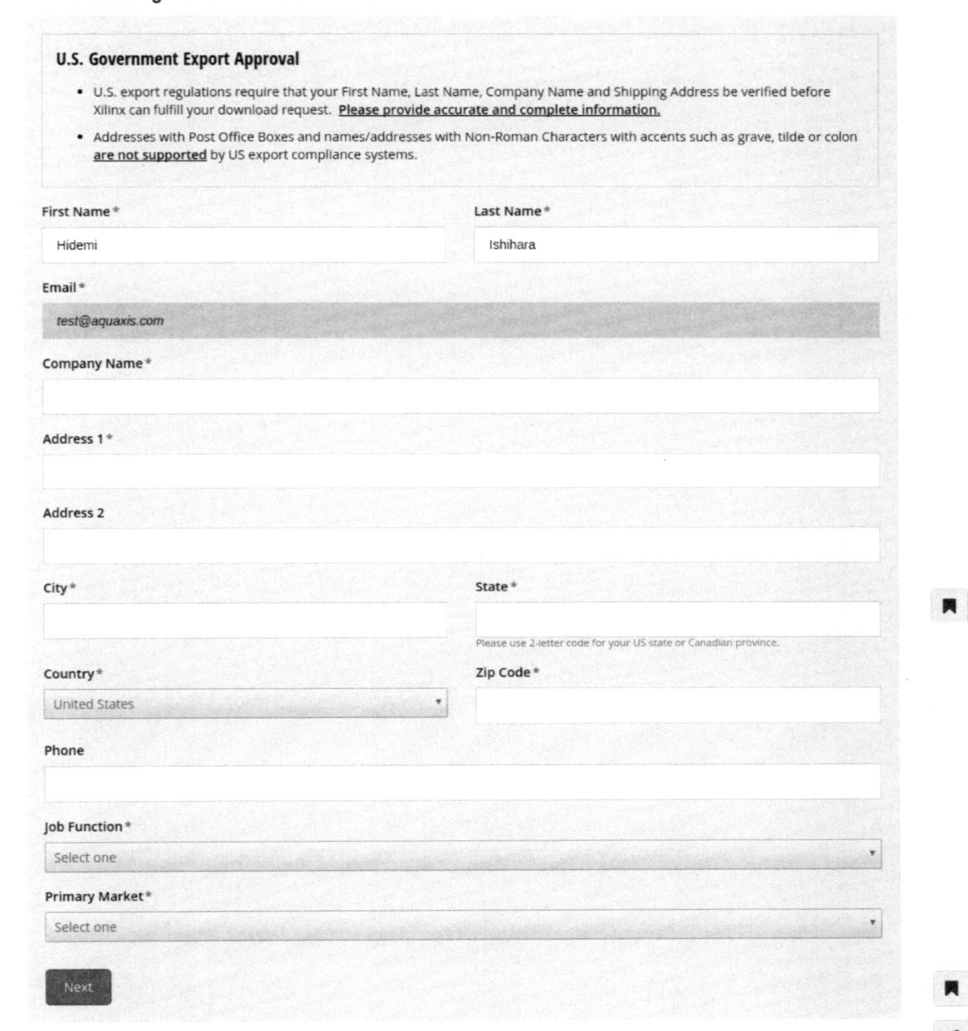

図2-7：アカウントの新規作成

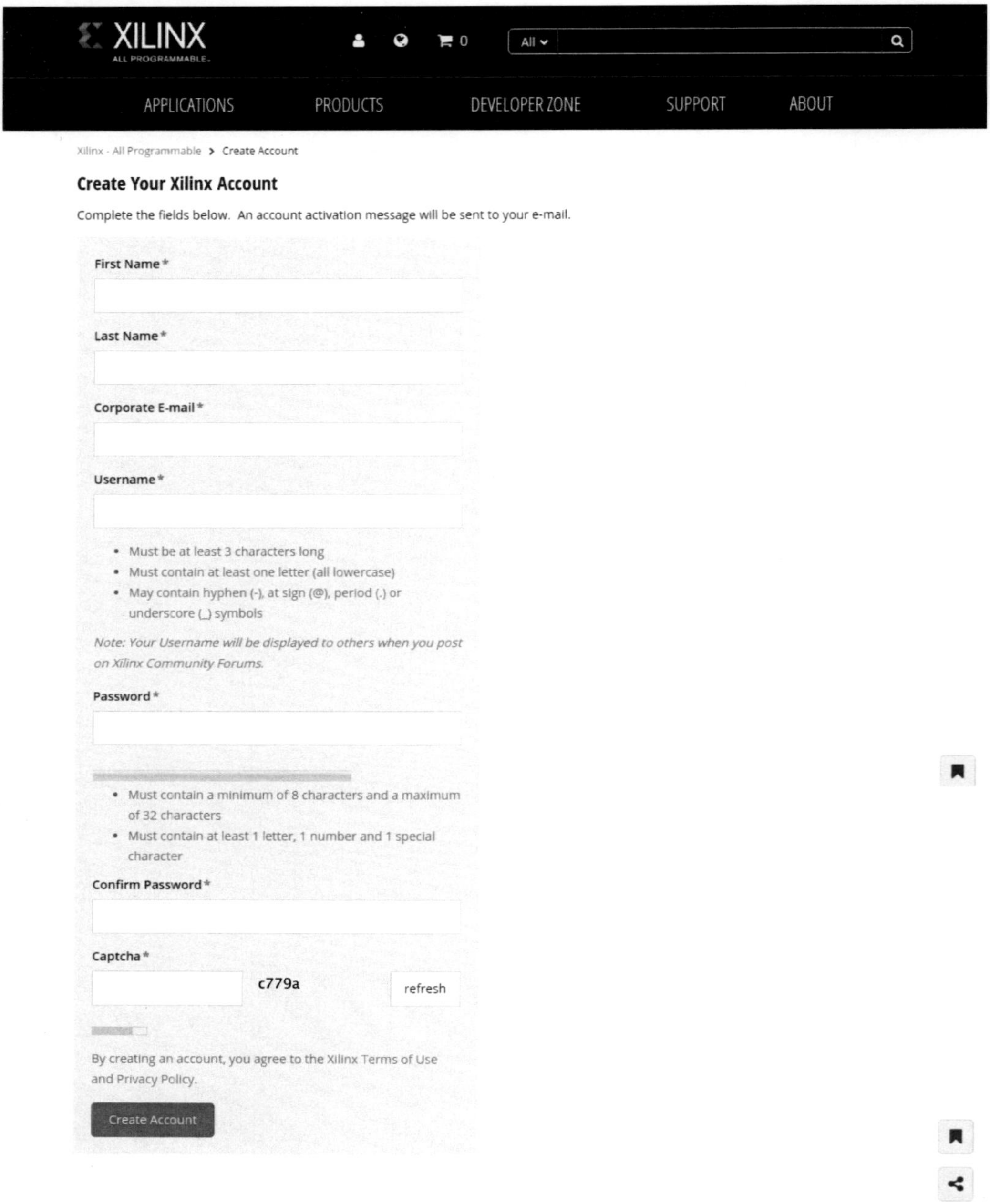

XILINX
ALL PROGRAMMABLE.

APPLICATIONS PRODUCTS DEVELOPER ZONE SUPPORT ABOUT

Xilinx - All Programmable > Create Account

Create Your Xilinx Account

Complete the fields below. An account activation message will be sent to your e-mail.

First Name *

Last Name *

Corporate E-mail *

Username *

- Must be at least 3 characters long
- Must contain at least one letter (all lowercase)
- May contain hyphen (-), at sign (@), period (.) or underscore (_) symbols

Note: Your Username will be displayed to others when you post on Xilinx Community Forums.

Password *

- Must contain a minimum of 8 characters and a maximum of 32 characters
- Must contain at least 1 letter, 1 number and 1 special character

Confirm Password *

Captcha *

c779a refresh

By creating an account, you agree to the Xilinx Terms of Use and Privacy Policy.

Create Account

フルダウンロード版ではXilinx_SDx_2017.2_sdx_0823_1.tar.gzがダウンロードできます。このファイルは約27GB程度あるのでダウンロードに時間がかかります。根気よく待ちましょう。

インストール

本書ではUbuntu 16.04.1LTSへのインストール方法を解説します。

リスト2-1

```
$ tar xzvf Xilinx_SDx_2017.2_sdx_0823_1.tar.gz
$ cd Xilinx_SDx_2017.2_sdx_0823_1
$ sudo ./xsetup
```

図2-8：スプラッシュ画面

図2-9：Welcome ウィンドウ

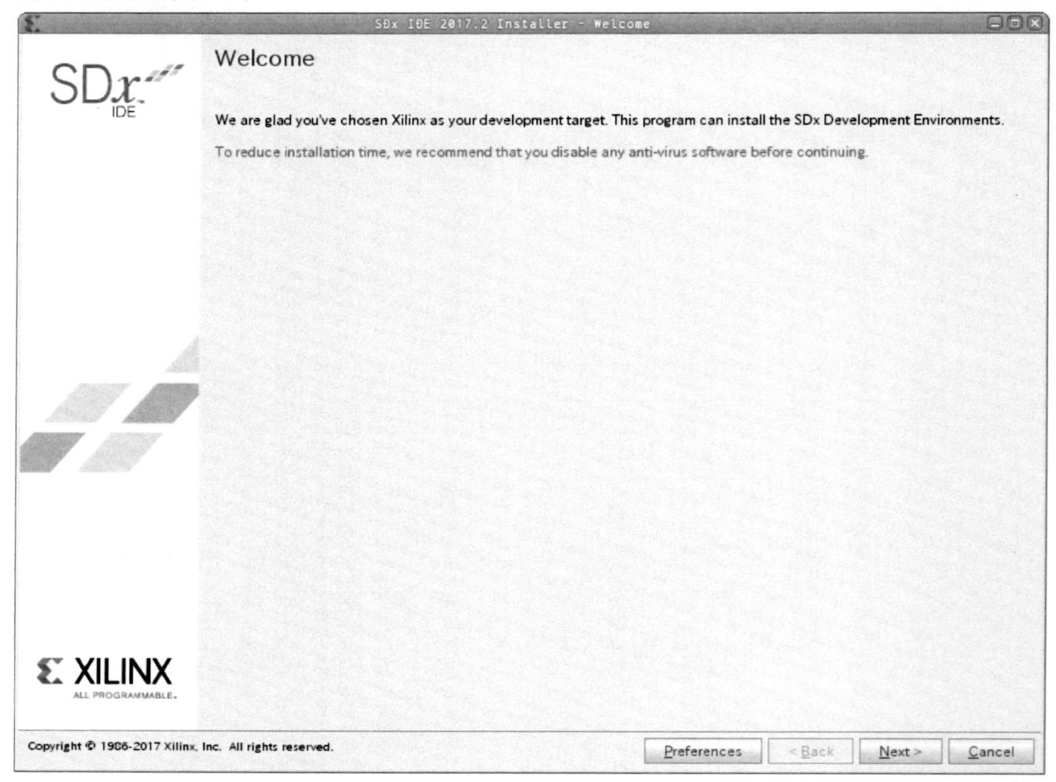

Accept License Agreements

Xilinxのツールは Xilinx社製のツール以外にも多くのOSSを使用しており、インストールするためのライセンス許諾を求められますのでチェックを入れて次に進みます。

図2-10：ライセンス認証

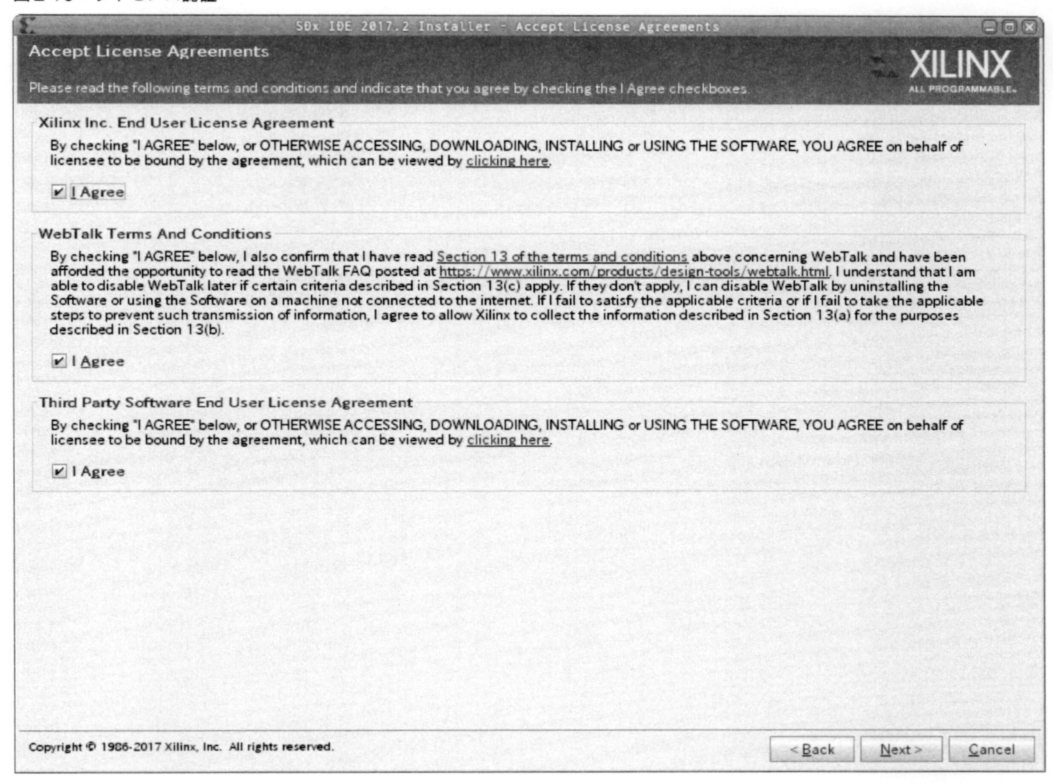

SDx Development Environments

SDx Development Environmentsではインストールするツール及びインストールするデバイスの選択を行います。必要に応じてチェックを付けてインストールを進めます。本書ではSDSoCを使用しますのでSDSoC Platformにチェックを入れてインストールを進めます。

ウィンドウの下側にインストール時のサイズが表示されていますので、ディスク容量に注意しながらインストールを進めてください。

図2-11

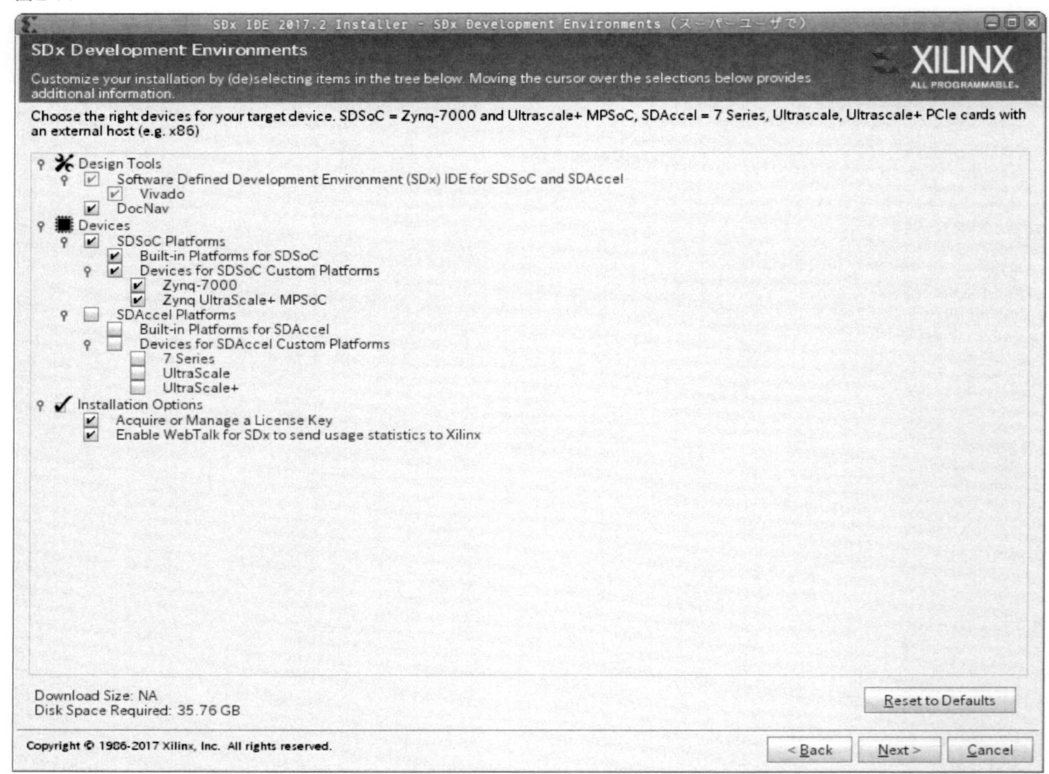

Select Destination Directory

Select Destination Directoryではインストール先フォルダの指定を行います。適宜、インストール先を指定してインストールを進めてください。

図2-12

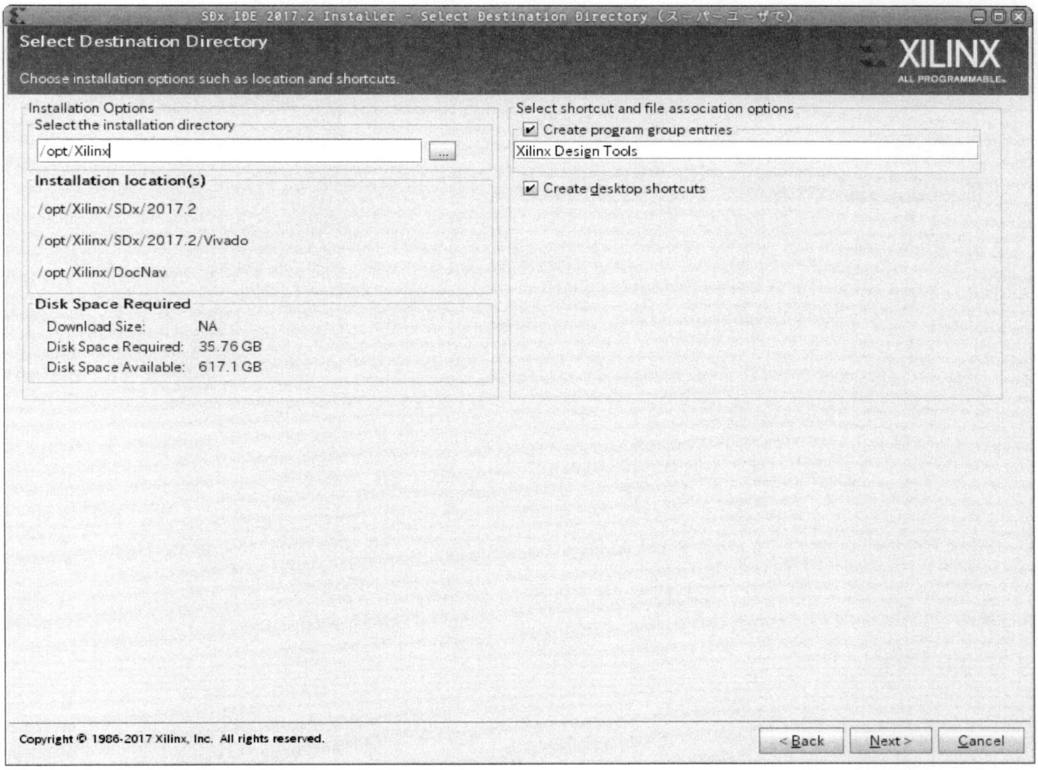

Installation Summary

インストールする設定が終了するとインストールサマリーが表示されますのでインストールを開始します。

図2-13

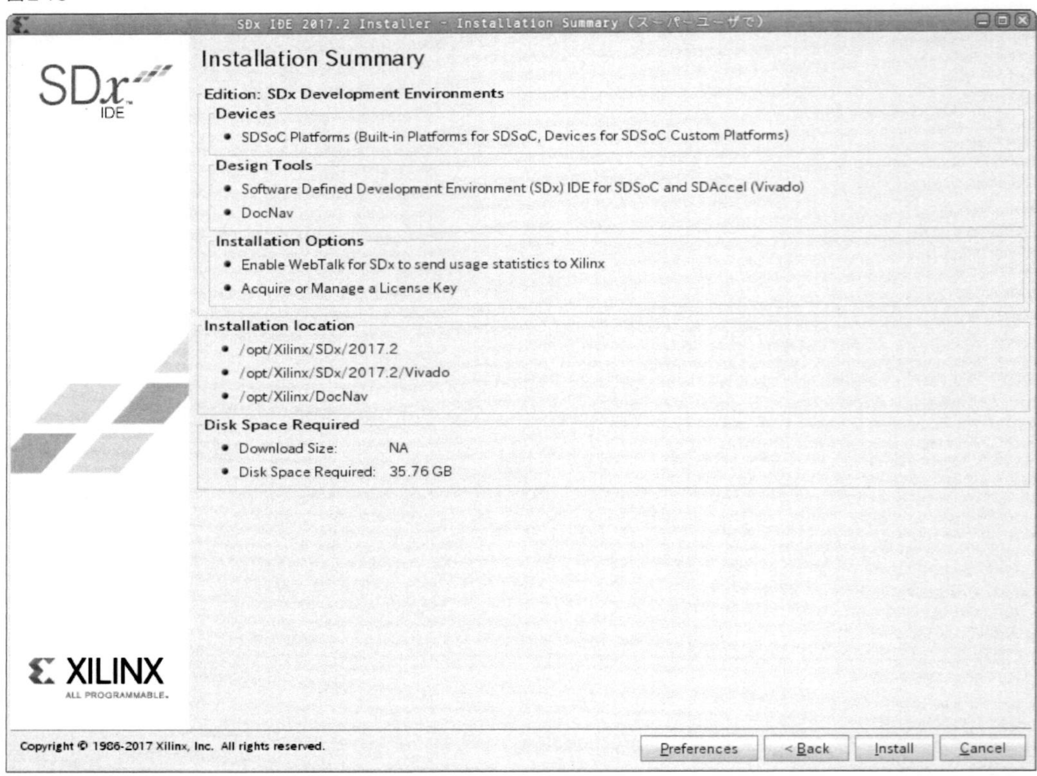

Installation Progress

インストール中、Installation Progressで進捗状況が表示されます。多くのツールをインストールするため、数10分のインストール時間がかかります。

図2-14

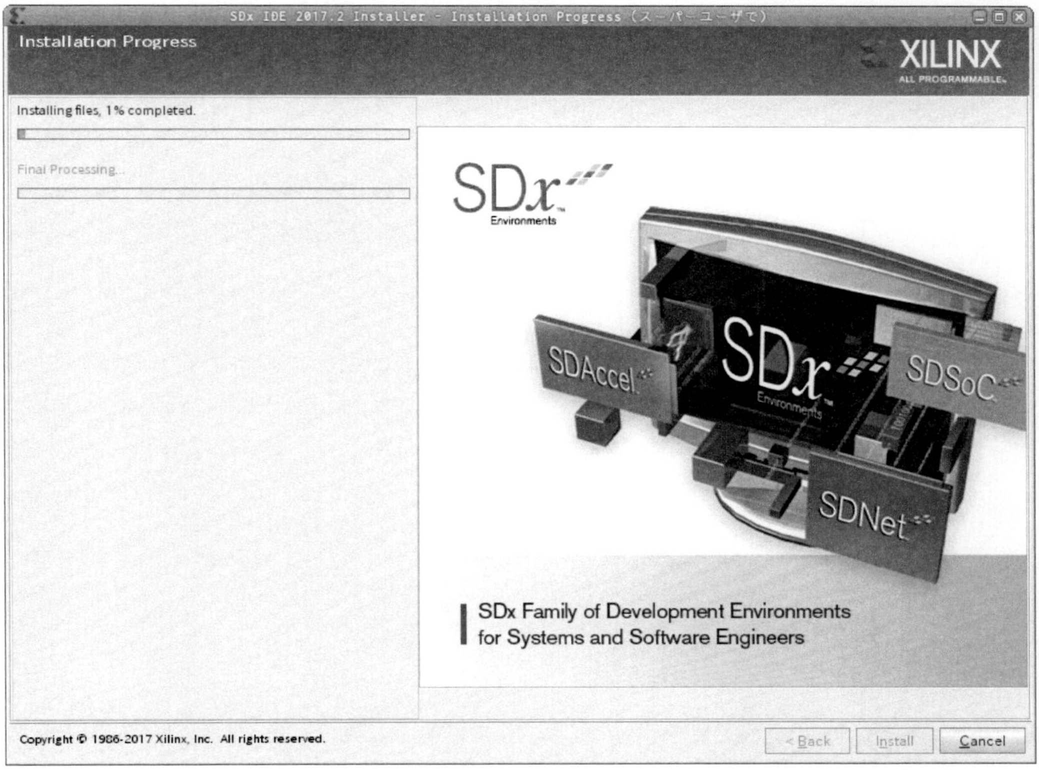

インストール完了

インストールが完了すると、図2-15のようにダイアログが表示されます。もし、インストールに失敗した場合は最初からやり直してください。

図2-15

Vivado License Manager

インストールが完了するとVivado License Managerが開きます。ここではライセンス設定を行わずにウィンドウを閉じます。

図2-16

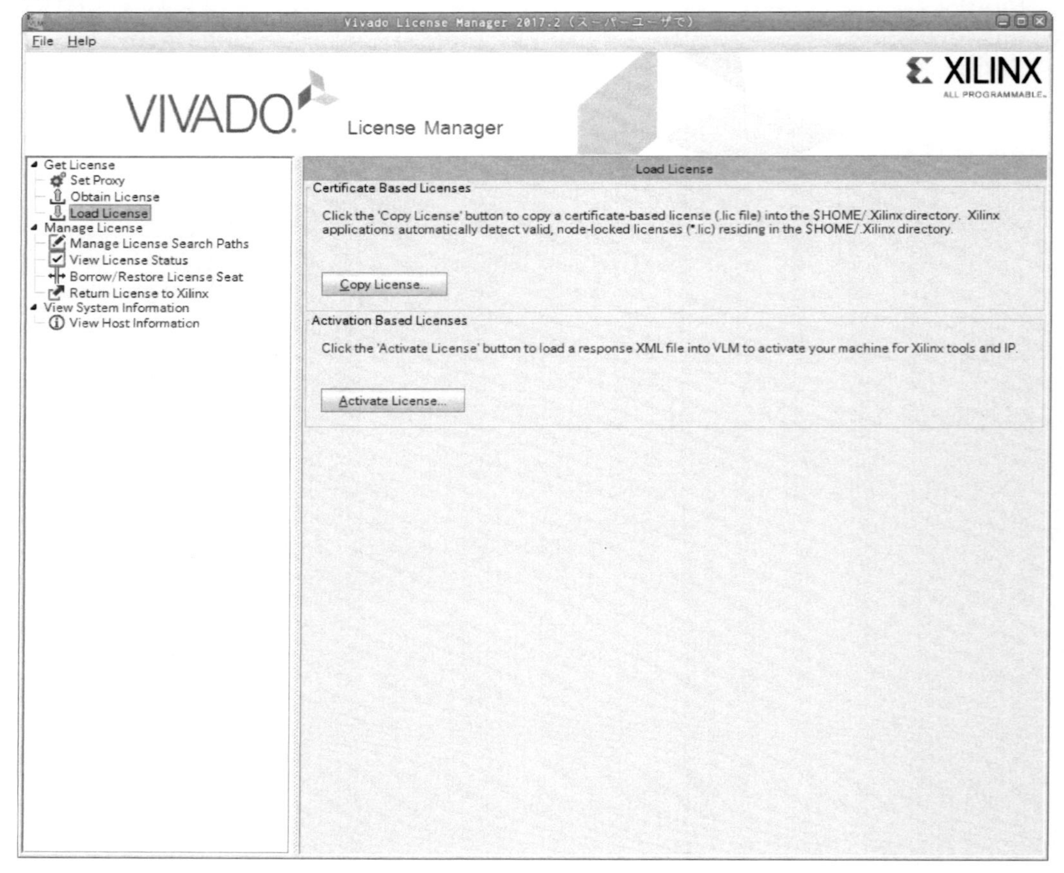

ライセンスの取得

SDSoCには無償ライセンスが無いため、使用するにはライセンスを取得する必要があります。SDSoCのライセンスは大きくは次の3種類があります。

・評価ボード・ロック・ライセンス（デバイスロック・ライセンス）

・60日間評価ライセンス

・フルライセンス

SDSoCのフルライセンスは約12万円程度する高価なものです。安価に評価を進めていくうえでは60日間評価ライセンス又は評価ボード・ロック・ライセンスを入手することをお勧めします。

評価ボード・ロック・ライセンス

評価ボード・ロック・ライセンスは評価ボード購入時にバンドルされるライセンスです。秋月電子通商で「ZYBO Zybo-7000 評価ボード（開発環境ソフトウェアライセンス付き）」を約3万円弱で購入することが可能です。

http://akizukidenshi.com/catalog/g/gM-12127/

６０日間評価ライセンス

６０日間評価ライセンスはXilinxのWebサイトから入手可能です。XilinxのWebサイトでアカウントを作成し、次のURLから申請することで入手することができます。

https://www.xilinx.com/support/licensing_solution_center.htm.html

図2-17：Licensing Solution Centor

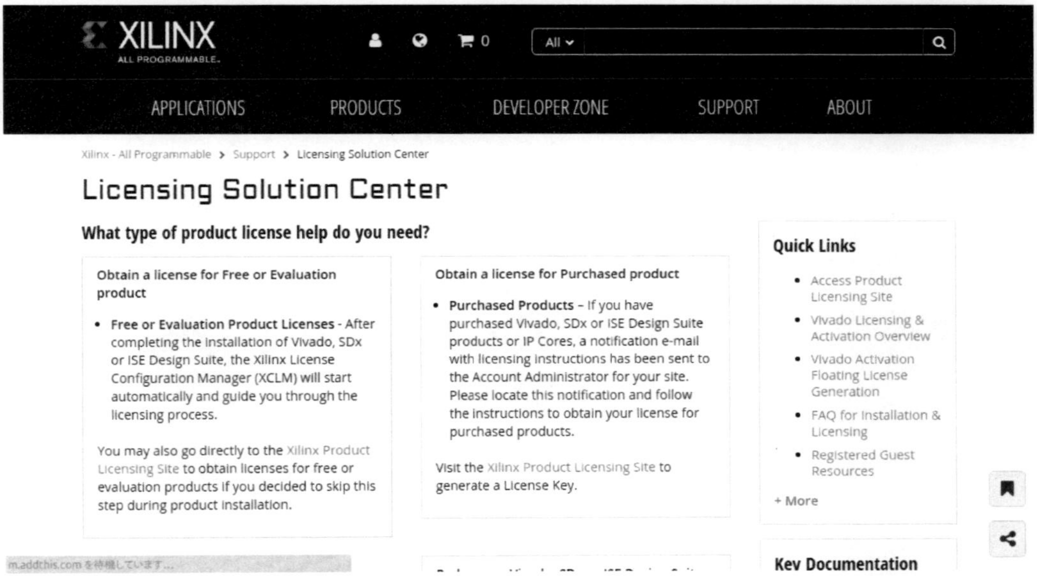

図2-18：60日間ライセンス

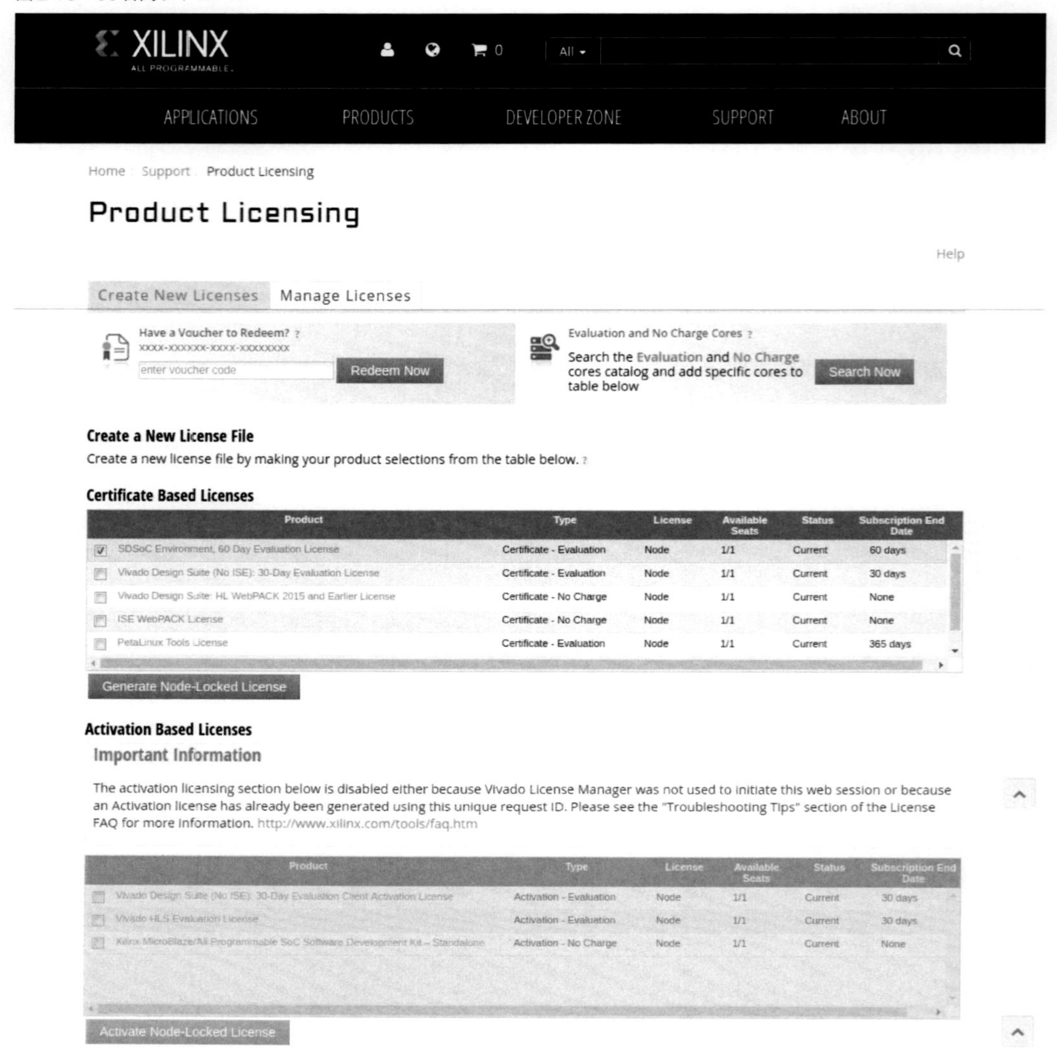

フルライセンス

フルライセンスは国内のXilinx代理店又はDigikeyなどで購入することが可能です。Digikeyでは「SDSOC ENVIRONMENT LOCKED LIC（EL-SDSOC-NL-ND)」で123,000円程度で販売されています。

https://www.digikey.jp/product-detail/ja/xilinx-inc/EF-SDSOC-NL/EF-SDSOC-NL-ND/5332429

ホスト名とMACアドレス

ライセンス登録にはホスト名とMACアドレスが必要になります。

MACアドレスはeth0のMACアドレスを指定します。Ubuntuでのホスト名とMACアドレスは次のように確認します。

リスト2-2

```
$ hostname
server
$ ifconfig eth0
eth0: flags=4163<UP,BROADCAST,RUNNING,MULTICAST>  mtu 1500
       inet 192.168.1.2  netmask 255.255.255.0  broadcast 
192.168.1.255
       ether00:11:22:33:44:55  txqueuelen 1000  (イーサネット)
       RX packets 10432956  bytes 14942390948 (14.9 GB)
       RX errors 0  dropped 14472  overruns 0  frame 0
       TX packets 3352974  bytes 997885425 (997.8 MB)
       TX errors 0  dropped 0 overruns 0  carrier 0  collisions 0
       device interrupt 16
```

起動とライセンスの設定

インストール時にライセンスの設定を行っていない場合は、SDSoCの初回起動時に入手したライセンスを設定する必要があります。SDSoCの起動は次のようにSDSoCを起動するパスの設定を行ってからsdxコマンドを実行します。

sdx（SDx）はSDSoCとSDAccelの総称になっています。

リスト2-3：sdsocの起動

```
$ source /opt/Xilinx/SDx/2017.1/settings64.sh
$ sdx
```

SDSoCのライセンスを設定していない場合、図2-18のようにライセンス・エラーのメッセージが表示され、図2-19のようにVivado License Managerが起動します。SDSoCのライセンスはここで設定を行います。

図2-18：ライセンス・エラーのメッセージ

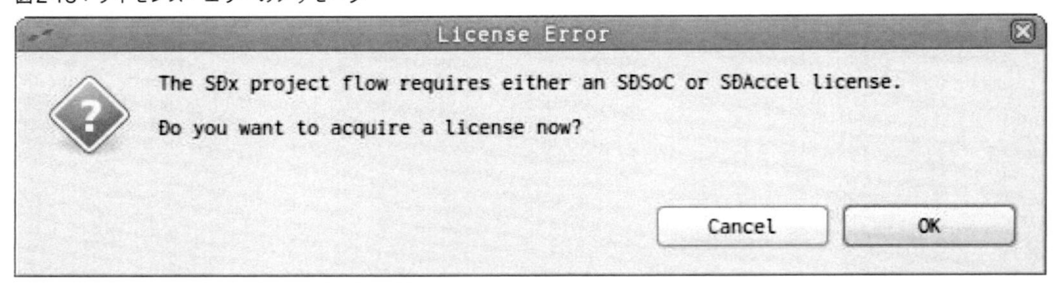

Vivado License Manager（図2-19）では左側のメニューで「Load License」を選択して、右のウィンドウから「Copy License」をクリックして、ライセンス取得でダウンロードしたXilinx.licを指定します。

図2-19：Vivado License Manager

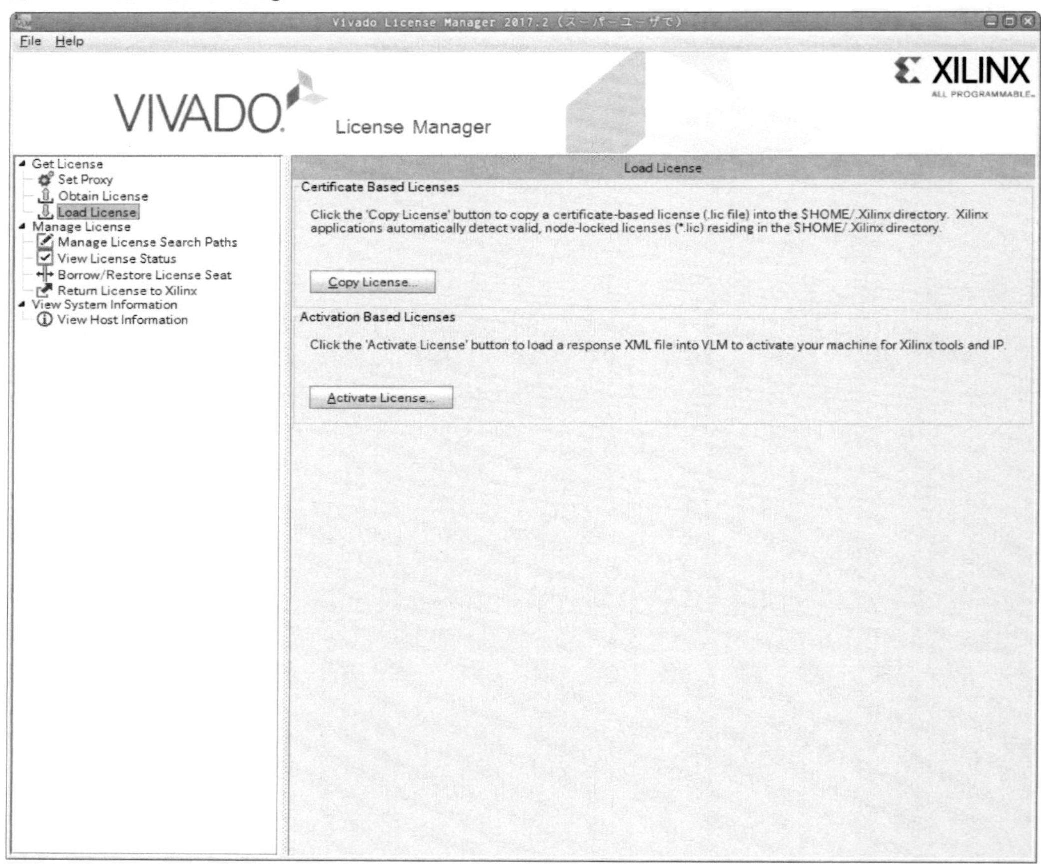

Xilinx.licをロードしてからメニューから「View License Status」を選択すると、ウィンドウに現在有効になっているライセンスの一覧が表示されます。この一覧の中に「SDSoC_Tools」

が存在することを確認します。

図2-20：License Status

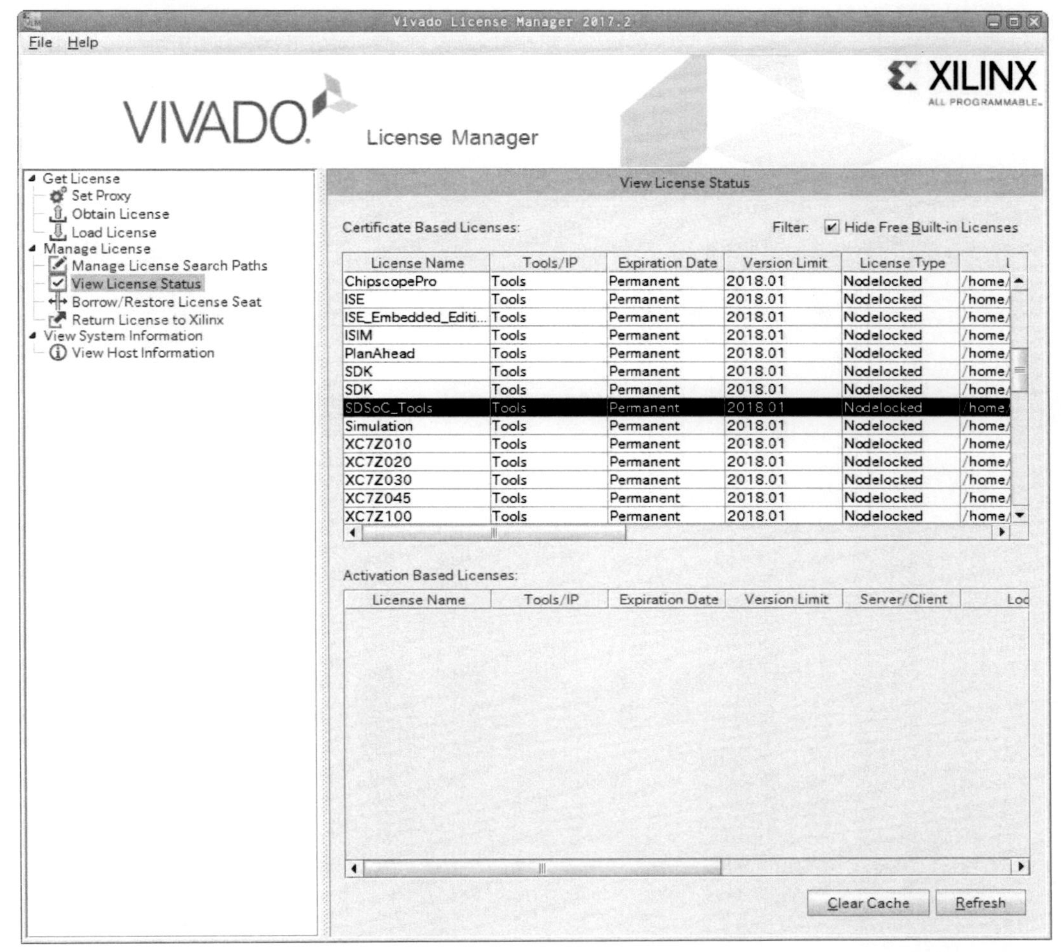

評価ボード

SDSoCを使用してFPGAで動作確認するために、Zynqが実装されている評価ボードを入手する必要があります。様々なZynqの評価ボードが販売されていますが、評価ボードにはZynq以外にも様々なデバイスやインターフェースが実装されており、どの評価ボードを入手すべきか迷うかもしれません。

Zynqの評価ボードはOSS[1]のように無償で使用できるものはなく、また、RaspberryPiのように数千円で安価に入手できる評価ボードはありません。少なくとも約3万円ほどの出費が必要になってくるため、個人で購入するには評価ボード選びも慎重になるでしょう。

本書ではSDSoCがデフォルトで対応している評価ボードの入手をお勧めします。SDSoC 2017.2

がデフォルトで対応している評価ボードは次の6種類となります。

・ZYBO
・ZedBoard
・MicroZed
・ZC702
・ZC706
・ZC102

ZYBO

現在Zynqの入門機として一番多く使用されているボードで、FPGA関連の雑誌やインターネットなどでも一番多くのユースケースが紹介されています。まず、入門してみたいという方には秋月電子通商を始め、国内でも入手しやすいのでZYBOをお勧めします。

図2-21：ZYBO

ZedBoard

ZedBoardはZynqの最初の廉価版評価ボードです。廉価版と言っても約60,000円なのですが、発売当時はとても安価になったと感じました。ZYBOに実装されているZynqデバイスよりもランクが一つ上で、FPGA領域の容量が大きくなっています。将来的に大きめのソフトウェアをFPGAに適用することを考えるならZedBoardをお勧めします。

図2-22：ZedBoard

MicroZed

MicroZedは名刺サイズほどのコンパクトなZynqの評価ボードです。Webページなどでの使用例が少ないため、サイズを気にする場合のみにお勧めです。

図2-23：MicroZed

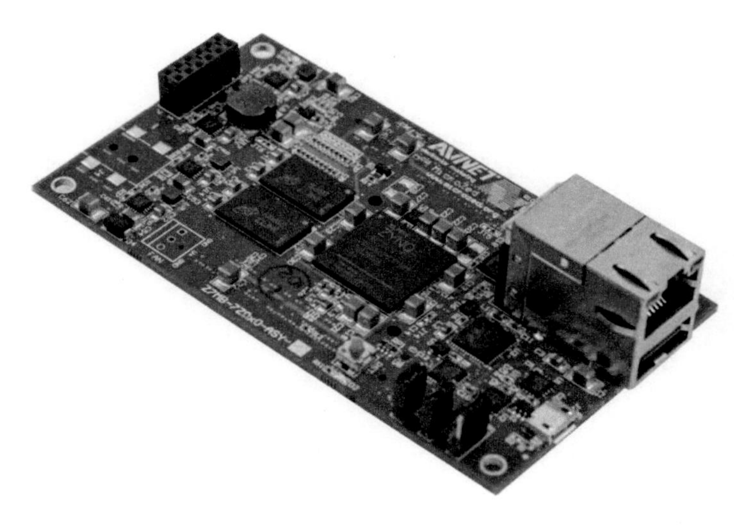

ZC702

Xilinx純正の評価ボードです。デバイスはZedBoardと同じですが様々なインターフェースの評価が出来るようになっています。

図2-24：ZC702

ZC706

Xilinx純正の評価ボードです。デバイスはXC7Z045が実装されており、SDSoCがデフォルトで対応するZynq-7000の評価ボードのうち一番大きなデバイスになります。

図2-25：ZC706

ZCU102

Xilinx純正の評価ボードです。この評価ボードのZynqデバイスはUltraScale+ MPSoCというここまで紹介した他の評価ボードに実装されているZynq-7000の後継デバイスとなります。CPUパワーが格段に上がっていることもありますがFPGA領域もZynq-7000シリーズに比べるとパフォーマンスが格段に上がっています。本格的に大きなソフトウェアをFPGAに適用していくのであればZCU102をターゲットにすると良いでしょう。

図2-26：ZCU102

評価ボードの入手方法

評価ボードは次のように国内外から購入することが可能です。

サードパーティ製評価ボード

ZYBO

秋月電子通商

・ボードのみ：24,700円　http://akizukidenshi.com/catalog/g/gM-07740/

・SDSoCライセンス付き：26,500円　http://akizukidenshi.com/catalog/g/gM-12127/

Digilent

・ボードのみ：$189　http://store.digilentinc.com/zybo-zynq-7000-arm-fpga-soc-trainer-board/

・SDSoCライセンス付き：$189+$10　http://store.digilentinc.com/zynq-sdsoc-developmentvoucher/

ZedBoard

秋月電子通商

・ボードのみ：58,400円　http://akizukidenshi.com/catalog/g/gM-12085/

グース

・SDSoCライセンス付き：75,510円　http://goose.thebase.in/items/5519146

Digilent

・ボードのみ：$495　http://store.digilentinc.com/zedboard-zynq-7000-arm-fpga-soc-development-board/

・SDSoCライセンス付き：$495+$10

MicroZed

グース

・ボードのみ：29,800円　http://goose.thebase.in/items/1807513

この他にグース（http://goose.thebase.in/）、RSコンポーネンツ（http://jp.rs-online.com/）、Strawberry Linux（https://strawberry-linux.com/）、Digikey（https://www.digikey.jp）などでも入手が可能です。

Xilinx純正評価ボード

品名	実装デバイス	価格[2]	Webページ
ZC702	XC7Z020 CLG484 -1	$895	https://japan.xilinx.com/products/boards-and-kits/ek-z7-zc702-g.html
ZC706	XC7Z045 FFG900 -2	$2,495	https://japan.xilinx.com/products/boards-and-kits/ek-z7-zc706-g.html
ZCU102	XCZU9EG-2FFVB	$2,495	https://japan.xilinx.com/products/boards-and-kits/ek-u1-zcu102-g.html

本書で紹介していない評価ボードでSDSoCを進めていく場合

本誌で紹介した評価ボードはSDSoCがデフォルトで対応している評価ボードであり、本書で紹介していないZynq評価ボードやカスタムボードでもSDSoCで使用することが可能です。他の評価ボードやカスタムボードのSDSoCに定義プロジェクト（Platform）を用意する必要があります。

1.Open Source Software

2.2017年9月1日現在の価格情報です。

第三章　ハードウェア・プログラミング（スタートアップ編）

本章ではXilinx社のSDSoCを使用したFPGAへのハードウェア・プログラミングを行う手順を解説します。SDSoCはEclipseベースの統合開発環境になっているため、SDSoCの起動時にワークスペースの選択が表示されます。

図3-1：ワークスペースの選択

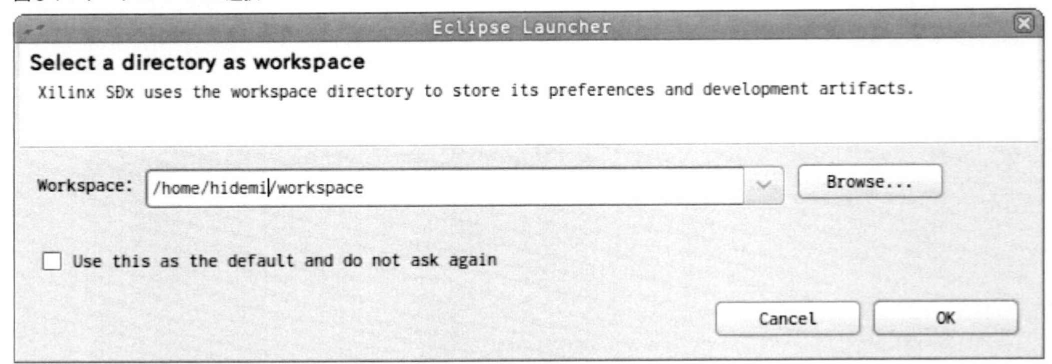

プロジェクトの作成

SDSoCを起動し、「File」→「New」→「Xilinx SDx Project...」でプロジェクト作成ウィザードを開きます。

図3-5：新規プロジェクトの作成

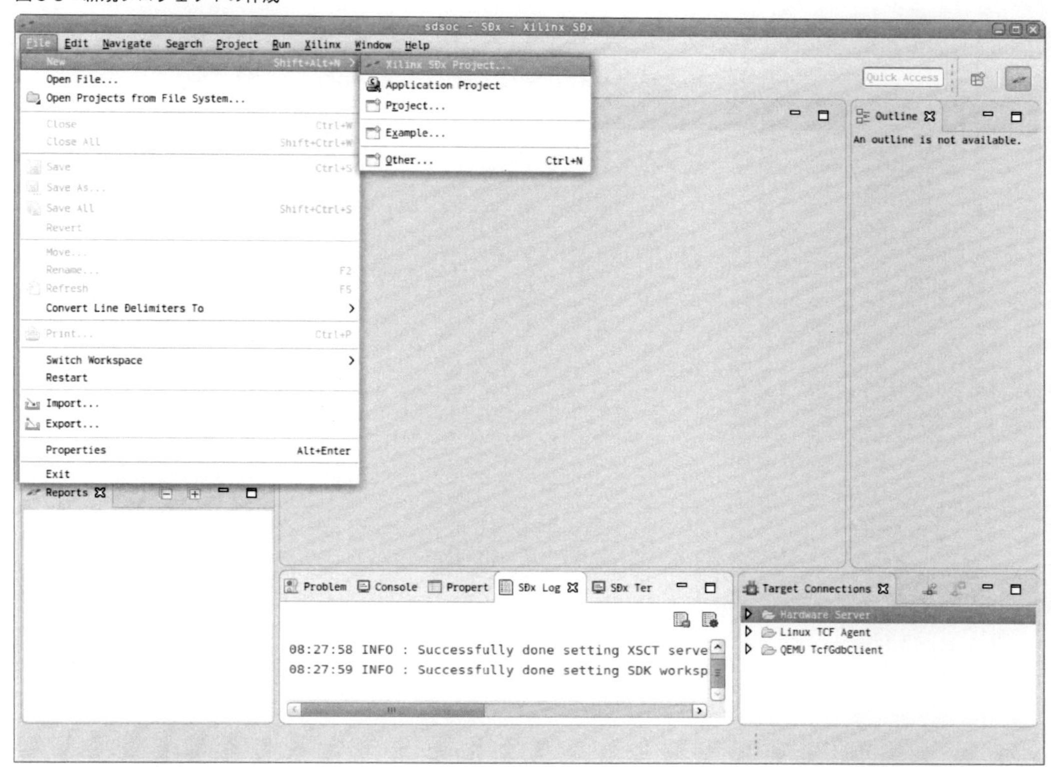

プロジェクト名の指定

「Create a New SDx Project」で「Project Name」でプロジェクト名を入力します。

図3-6

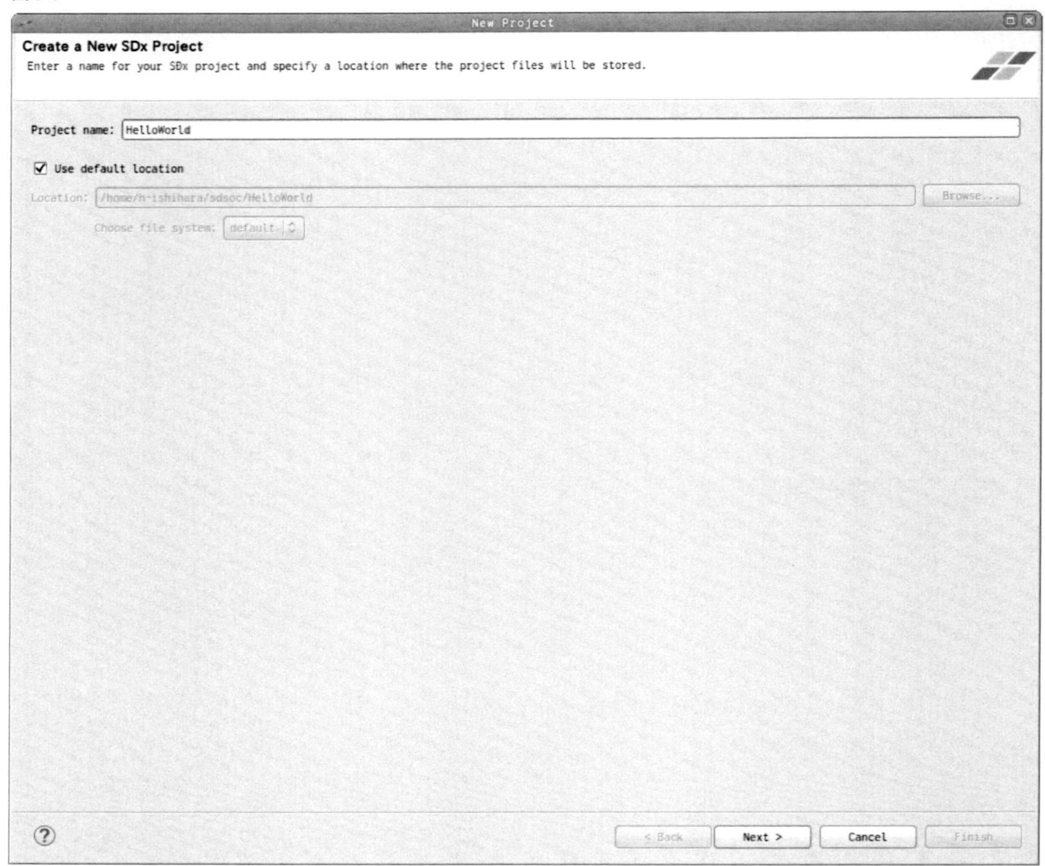

ハードウェア・プラットフォームの選択

「Choose Hardware Platform」で対象となる評価ボードを選択します。本書ではZedBaordでの開発事例を紹介します。ZedBoardはzedを選択します。一覧にない評価ボードやカスタムボードを使用する場合は、Platformを作成し「Add Custom Platform...」から選択します。

図3-7：ハードウェア・プラットフォームの選択

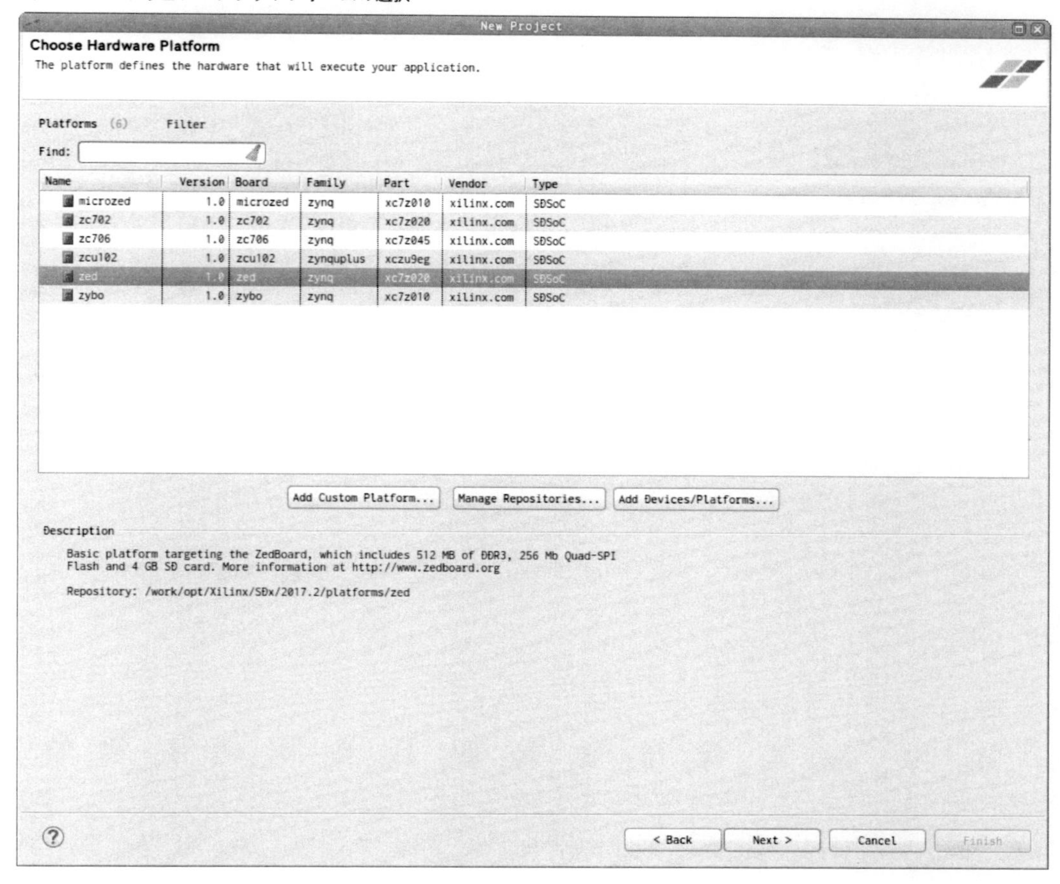

CPUとソフトウェア・プラットフォームの選択

「Choose Software Platform and Target CPU」でソフトウェア・プラットフォームとターゲットCPUを選択します。

図3-8：ソフトウェア・プラットフォームの選択

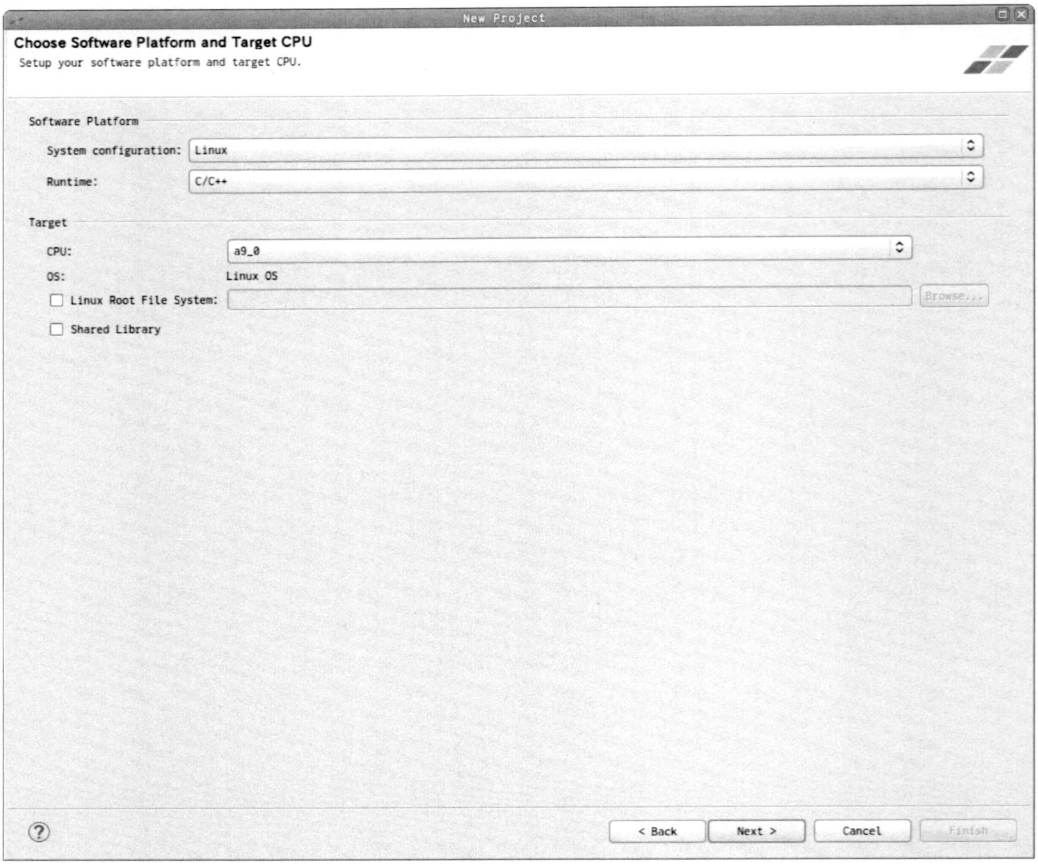

New Project

Choose Software Platform and Target CPU

Setup your software platform and target CPU.

Software Platform

System configuration: Linux

Runtime: C/C++

Target

CPU: a9_0

OS: Linux OS

Linux Root File System: Browse...

Shared Library

< Back Next > Cancel Finish

「System configuration」

「System Configuration」はLinux、Standalone、FreeRTOSの3種類から選択することができます。システムで使用したいソフトウェア・プラットフォームを選択します。本書ではLinuxでの開発例を紹介していますので、「Linux」を選択します。

「Runtime」

「Runtime」は「C/C++」のみ選択することができます。

「CPU」

「CPU」はデバイスにあるCPUを選択します。ZYBOのようにZynq-7000シリーズではa9_0のみ選択することができます。

「OS」

「OS」は「System configuration」でLinuxを選択時にのみLinuxのルートファイルシステムのフォルダの指定（Linux Root File System）、共有ライブラリの使用有無（Shared Library）を指定することができます。本書ではチェックを付けずに進めます。

テンプレートの選択

プロジェクト作成時のテンプレートを指定することができます。FIRフィルターや行列演算のサンプル・プロジェクトがあります。本書では「Empty Application」を選択して進みます。

図3-9：テンプレートの選択

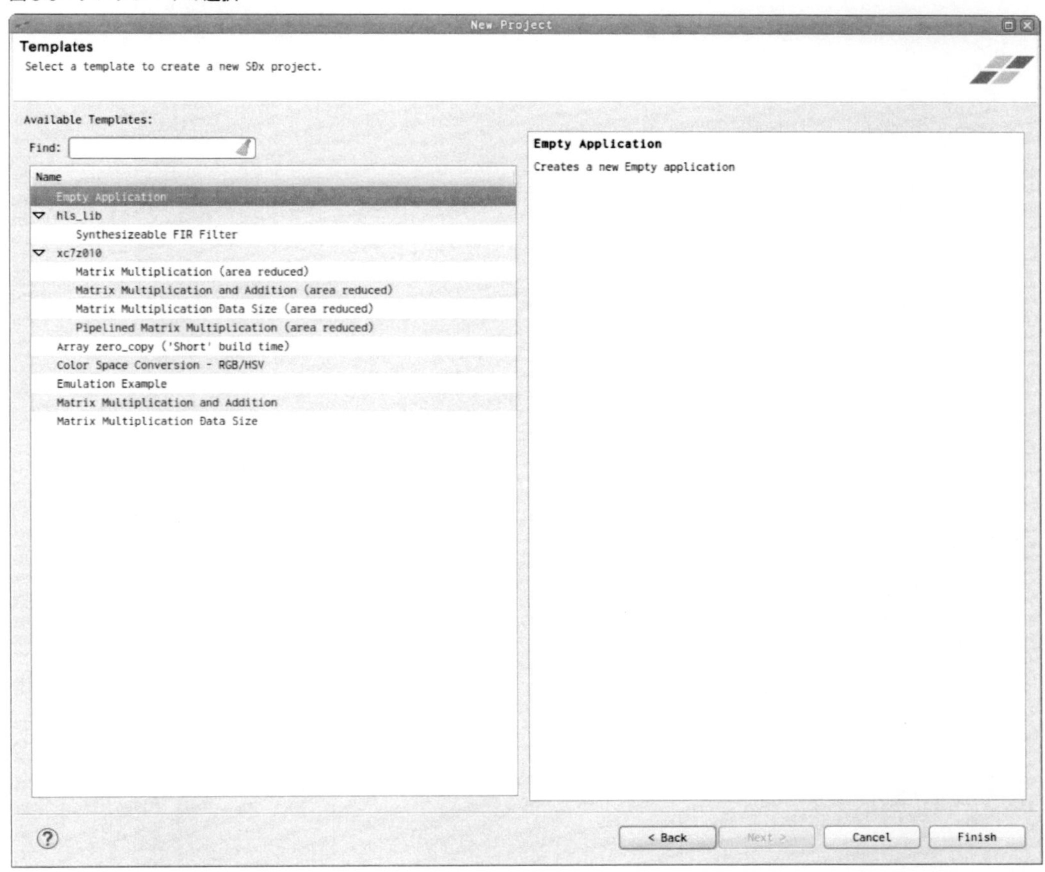

プロジェクト

プロジェクトを新規作成すると図3-10のようにIncludesフォルダとsrcフォルダ、プロジェクト構成ファイル（project.sdx）が生成されます。基本的にソースコードはsrcフォルダに展開し、インクルード・ファイルのフォルダを追加した時はプロジェクトを右クリックして、「Properties」を開いて「Paths and Symbols」でフォルダを追加します。

プロジェクトの設定方法は基本的にEclipseと同じ設定方法になります。ツールに慣れない最初のうちはソースコードもインクルード・ファイルもsrcフォルダに入れて開発することをお勧めします。

図3-10：新規プロジェクト作成後のウィンドウ

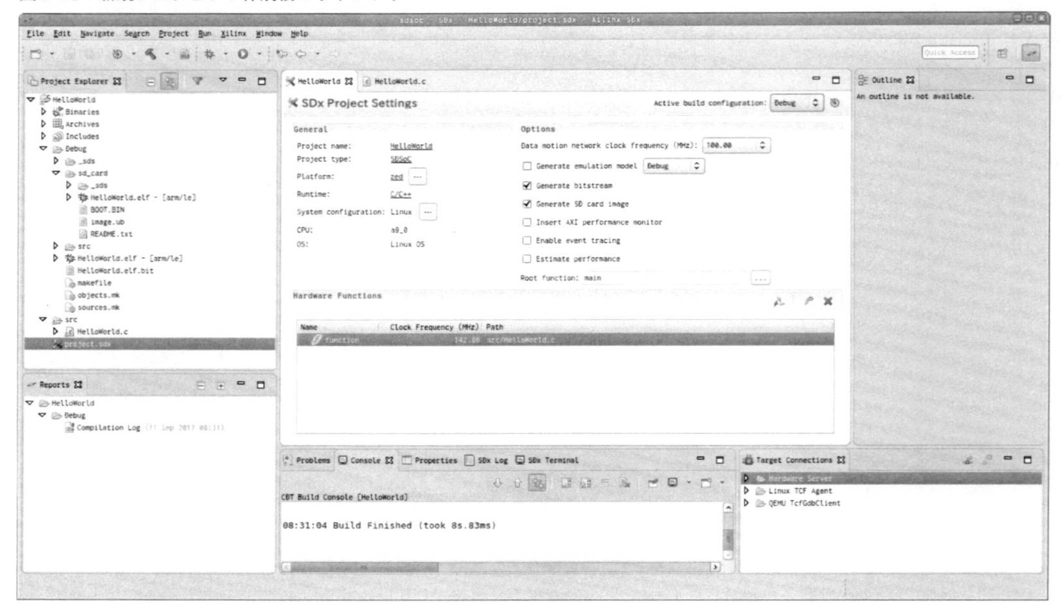

ソースコードの作成

ソースコードの作成はSDSoC上でも他のエディタを使用しても構いません。ただし、SDSoCでは作成したプロジェクトのsrcフォルダにソースコードを格納しておく必要があります。

図3-11：ソースコードの作成

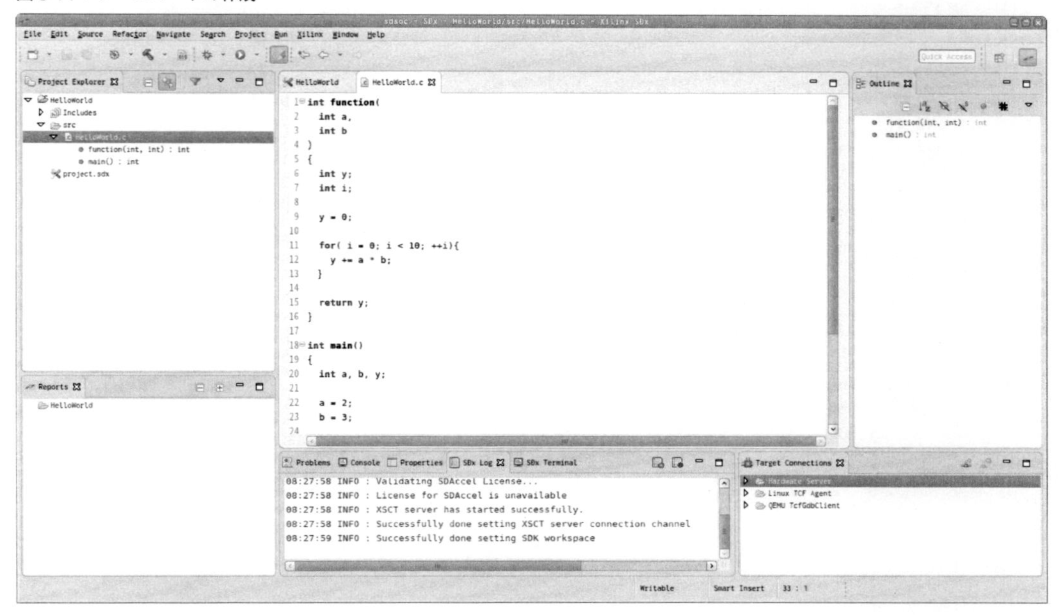

リスト3-1は非常に単純なソースコードですが入力a、bをfunction関数でaとbを乗算した結果を10回加算します。FPGA化の対象は関数単位になるのでFPGA化したい部分はCPUとFPGAのそれぞれで実行される部分をベタ書きするのではなく、FPGA化する部分を関数に分けておきます（本例ではfunction関数をFPGA化します）。

リスト3-1：HelloWorld.c

```
int function(
  int a,
  int b
)
{
  int y;
  int i;

  y = 0;

  for( i = 0; i < 10; ++i){
    y += a * b;
  }

  return y;
}
```

```
int main()
{
  int a, b, y;

  a = 2;
  b = 3;

  printf("Hello!\n");

  y = function(a, b);

  printf("ans = %d\n", y);

  return 0;
}
```

コンパイル

ハードウェア・アクセラレーションできるソースコードは、エラーのないソースコードでなければいけません。一度、ソースコードを作成して、コンパイル（プロジェクトのビルド）して実機で実行してみましょう。

図3-12：プロジェクトのビルド

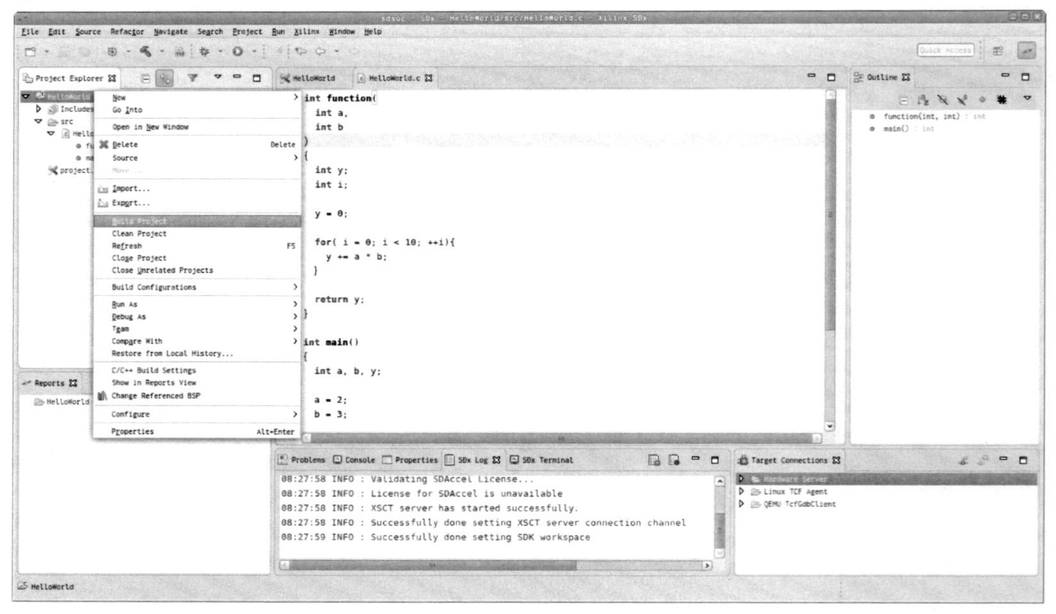

ソースコードが完成したら次のいずれを実行してプロジェクトをビルドします。

・「Build All」のアイコンで実行（又はCtrl-B）

・「Project」→「Build All」又は「Build Project」でプロジェクトをビルド

ここではまだ、ハードウェア・アクセラレーションの設定を行っていないので通常のソフトウェア・コンパイルと変わりません。プロジェクトのビルドが完了すると図xのようにフォルダやバイナリが生成されます。

図3-13：SDカードイメージ

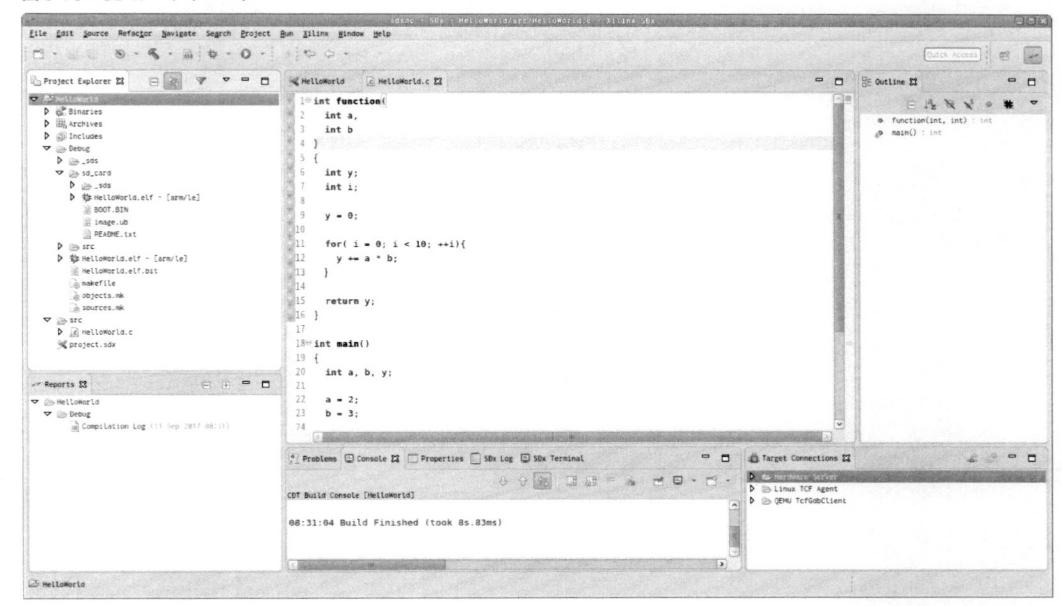

SDカードを準備して、sd_cardフォルダにあるファイルをコピーしましょう。

実機で動作確認

SDカードへコピーが完了したらSDカードを評価ボードに挿入して、評価ボードを起動します。評価ボードとPCの接続は図3-14のようにUSBケーブルで接続を行います。PC上でシリアル通信が出来るターミナルを開きます。Linux場合はgtkterm又はminicomなどで/dev/ttyACM0（通常のUSBシリアルポートは/dev/ttyUSB0など）を開きます。そうすると、次のように起動メッセージが表示されLinuxのコマンド・プロンプトが表示されます。SDカードにコピーしたアプリケーションは/mntフォルダに入っています。リスト3-2のようにフォルダを移動して実行してみましょう。

図3-14:評価ボードとの接続

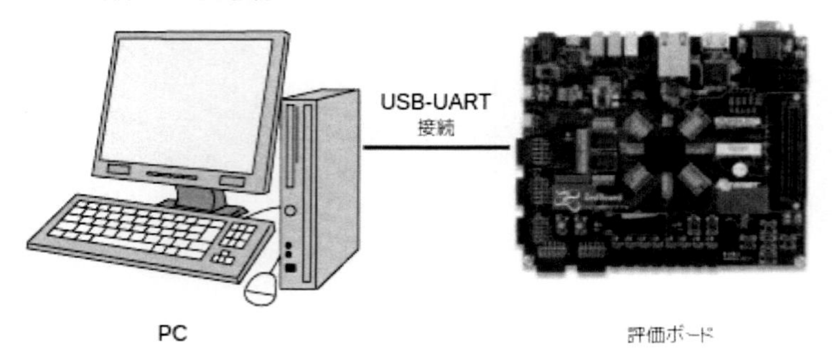

リスト3-2：評価ボードでの実行結果（ソフトウェアのみ）

```
$ cd /mnt
$ ./HelloWorld
Hello!
ans = 60
```

このようにソフトウェアを評価ボードで動作確認できたところでハードウェア・プログラミングできる環境が整いスタート地点に立てました。これから本題のハードウェア・プログラミングへ進みます。

FPGA化する関数の指定

FPGA化の対象はソースコードの関数単位になります。アイコンをクリックすると、アプリケーション内の関数一覧が表示されます。この中からハードウェア・アクセラレーションさせたい関数を選択します。

関数「function」を選択しましょう。図3-16のように選択した関数が表示されます。ここで再び、ビルドを行います。

図3-16：FPGA化する関数一覧の表示

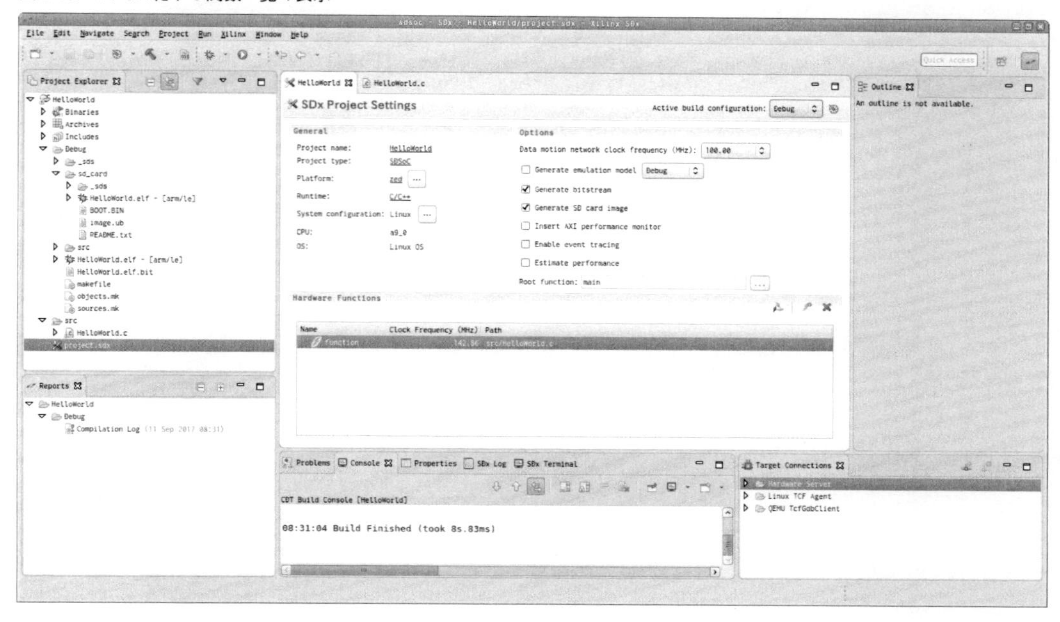

コンパイルが始まるとSDSoCはハードウェア・アクセラレーション対象の関数を高位合成します。高位合成ではソースコードのコンパイル、FPGAのコンパイル（高位合成、論理合成、IP化、配置配線）を行います。

FPGAの論理合成、IP化、配置配線はソフトウェアのコンパイルとは異なり長い時間を必要とします。このような簡単なソースコードでも、約10分程度かかるでしょう。ソフトウェアのコンパイルであれば数十秒で完了するのですが、FPGAのコンパイルは長い時間がかかることを覚悟してください。

FPGAのコンパイルが完了すると、SDSoCはFPGA化対象の関数部分（本例ではfunction関数）をLinuxドライバ経由でFPGAにアクセスするソースコードに置き換え、アプリケーションをコンパイルします。この時、ユーザーはFPGA化する関数に対してソースコードやドライバを追加したり、特別な制御を追加したりする必要はありません。全て、FPGA化した回路へシームレスにアクセスできるようにSDSoCの中で処理を行ってくれます。

ビルドが完了するとアプリケーションのみをコンパイルした時と同じように再び、SDxxxが生成されます。これをSDカードにコピーして、評価ボードで動かしてみましょう。動かし方はアプリケーションを動かした時と同じようにアプリケーションがあるフォルダに移動して実行します。リスト3-3のようにソフトウェアでの実行結果と同じになりました。

リスト3-3:評価ボードでの実行結果（FPGA化した関数も含めた実行）

```
$ cd /mnt
$ ./HelloWorld
Hello!
```

```
ans = 60
```

実行結果は当然、function関数をFPGA化する前と同じです。ここで結果が変わってしまうようではハードウェア・プログラミングを行ってソフトウェアの関数をFPGA化する意味がありません。

しかし、ソースコードがSDSoCの制約違反をしている場合、例えば浮動小数点の演算を含む場合に、誤差によって結果が変わる可能性があります。結果が違う場合はソースコードの仕様などを確認し、違う結果が容認できるかできないかを判断する必要があります。

これで環境は整いましたので、機械学習のソフトウェアをFPGAへ組み込んでいく実践に進みましょう。

第四章　機械学習ソフトウェア

本章では冒頭でも紹介したようにDeep LearningのひとつでもあるCNN（Convolutional Neural Network＝畳み込みニューラルネットワーク）で画像認識を行うアプリケーションのFPGAへの組込みを解説していきます。ただし、本書の目的はFPGAへのハードウェア・プログラミングであり、Deep Learningについて詳細は解説しません。Deep Learningの詳細を知りたい方は別途Deep Learningの専門解説書をご参照ください。

アルゴリズムを確立する

前章で解説したように、ソフトウェアをFPGA化する出発点はエラーのないソースコードを作成することから始まります。ソフトウェアでもエラーがあるソースコードは実行ファイルが生成されず、アプリケーションはできあがりません。これと同様に、FPGA化するソースコードは実行ファイルが生成されることが前提条件になります。まず、アルゴリズムを確立し、ソフトウェアを完成させることから始めます。

本書で解説するソースコードはCNNで画像認識を行うアプリケーション（以下、本アプリケーション）です。本アプリケーションは図4-1のフローで学習し、その学習結果を使用して画像認識を行います。本書では「The Oxford - IIIT Pet Dataset」を用いて、猫と犬の顔を学習させ、猫の顔を認識する例を元に解説を行います。

「The Oxford - IIIT Pet Dataset」：http://www.robots.ox.ac.uk/~vgg/data/pets/

具体的には猫と犬の顔データ各50枚を教師データとして学習させ、学習で得られた学習結果を教師データとは別の猫と犬の顔データ各10枚で検証します。

注：本書では機械学習を習得することが目的ではなく、機械学習のソースコードの例をもとにソフトウェアをFPGAに組み込むことが主な内容になっており、本アプリケーションの認識精度については深く追求していません。

本アプリケーションのCNNは図4-1のように入力画像はRGBの3層、CNNはレイヤ0が2層、レイヤ1が4層、レイヤ2が8層、全結合が入力層が128個、中間層が64個、出力層が1個となっています。

図4-1：本アプリケーションのCNN

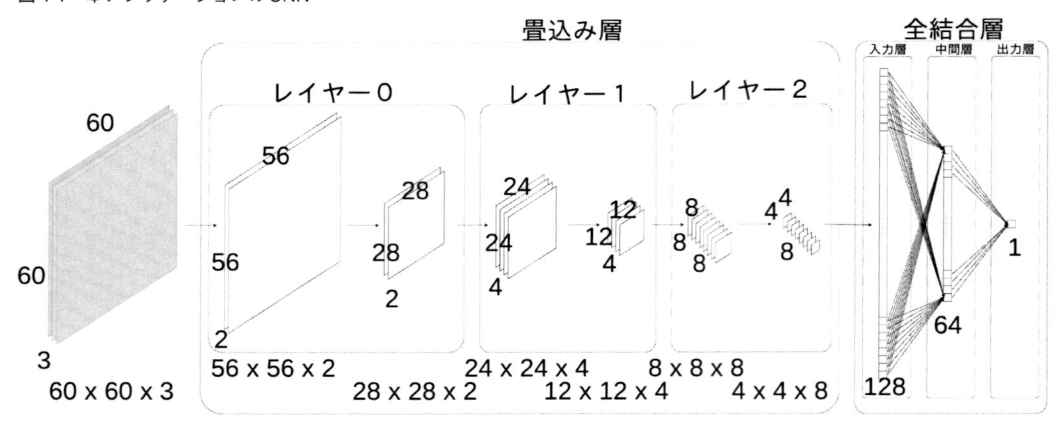

ソフトウェアをFPGAに適用していく場合、ソフトウェアの構造を把握しておく必要があります。ここでは本書で使用するソフトウェアの構造を解説します。

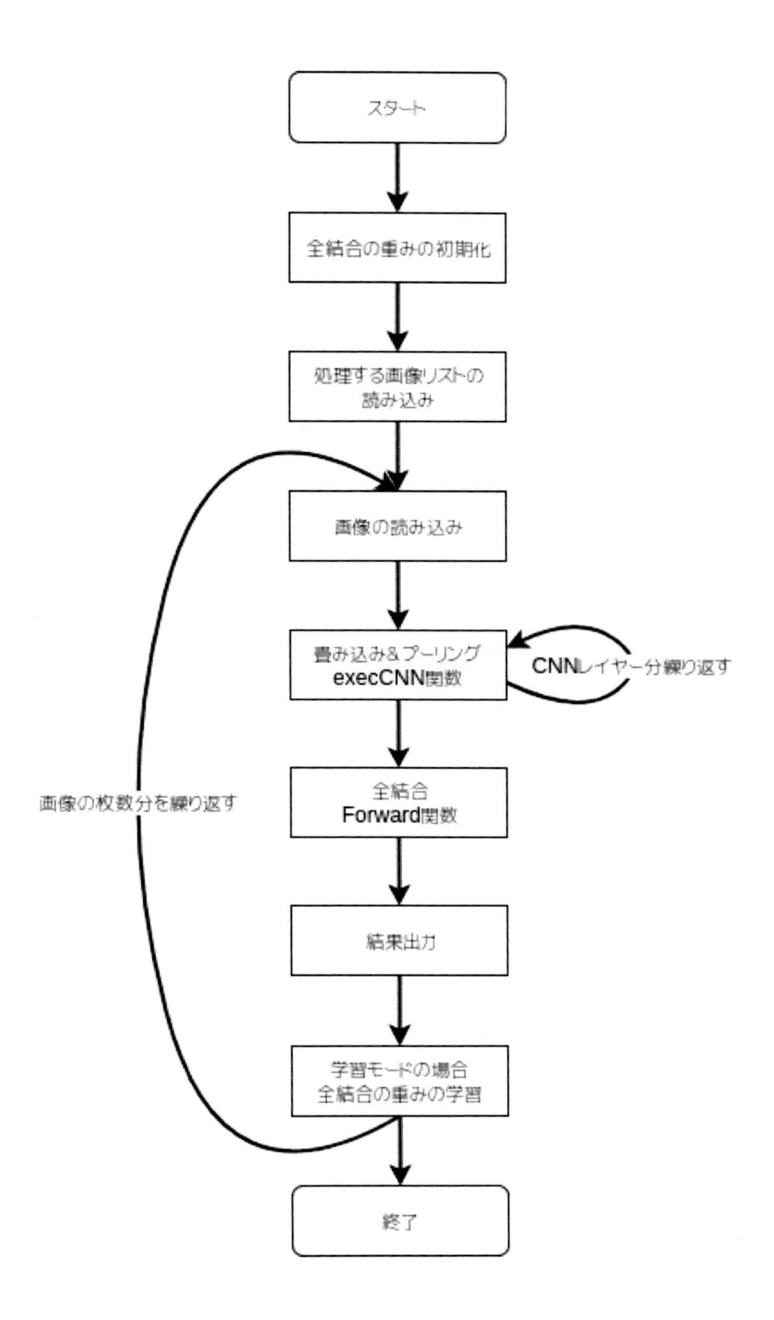

ソースコード

本書で解説するCNNのソースコードは次のように大きく5つのファイルで構成されます（リスト4-1～リスト4-8）。

- cnn.c
- perceptron.c
- cnn_main.c

・common.c

・bitmap.c

cnn.c

cnn.cにはCNNの畳み込み処理Convolution関数とプーリングを行うPooling関数があります。

畳み込み処理とは、図4-2のように画像の中でフィルタ対象の画素を中心に、あらかじめ決めたフィルタを図4-3のように順番に計算していきます。このとき、フィルタ後の画像はフィルタのサイズの半分ずつ画像の両端が小さくなっていきます。

図4-2：畳み込みの概念

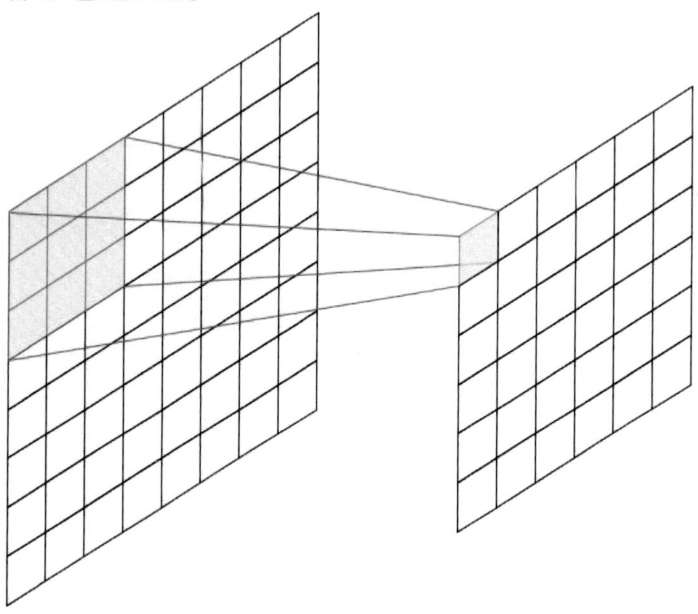

図4-3：畳み込みの演算方法

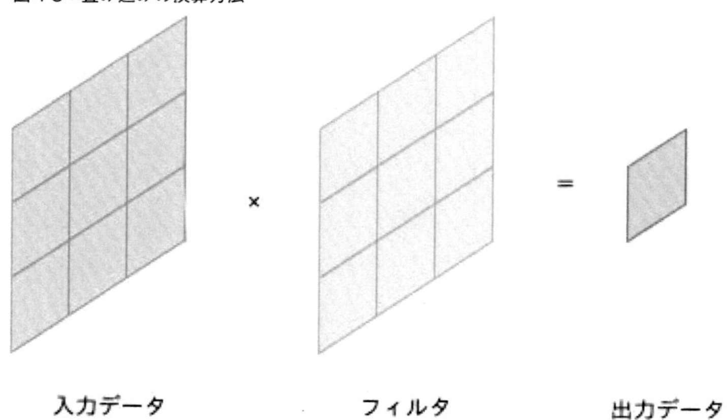

畳み込み演算は機械学習ではひとつのニューロとして捉えられますが演算を図式化すると図4-4のように各入力データ（in0～inN）に対して、それぞれ異なる重み（w0～wN）で乗算し、合計を足してからwOで乗算して出力データ（Out）を求めるかたちになります。

図4-4：ニューロ

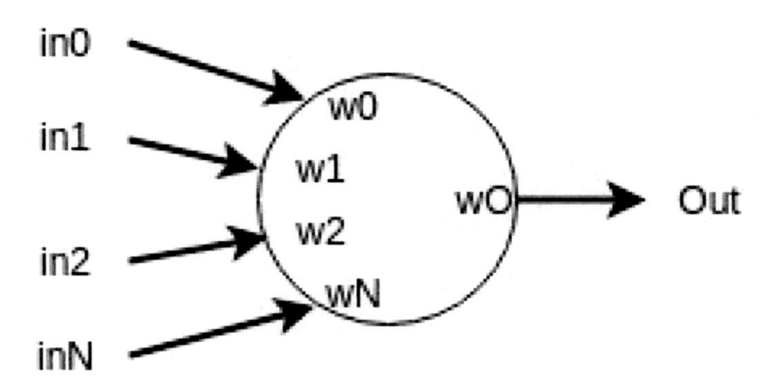

畳み込み演算は画像の左上から右下にかけて図4-5、図4-6のようにスライドしながら演算を行っていきます。

図4-5：畳み込み演算のスライド

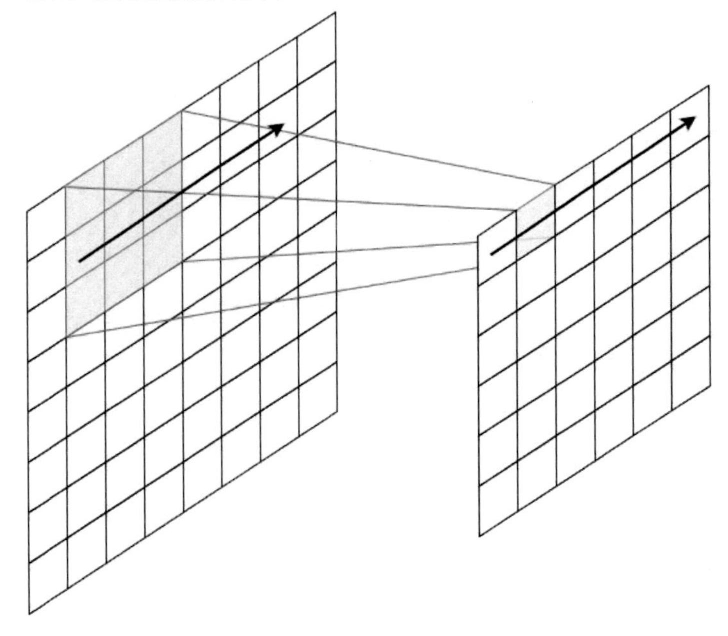

図4-6：畳み込み演算のスライド②

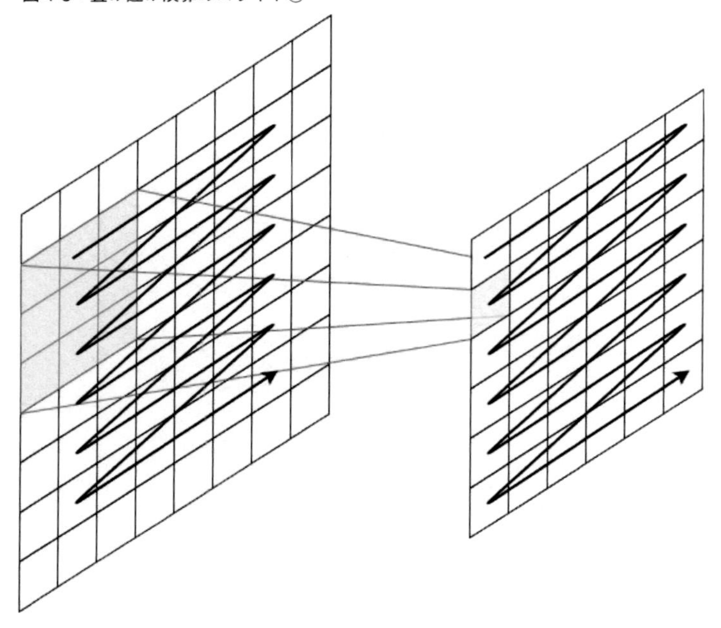

本例のプーリングは図4-7のようにサイズの中での最大値を出力するようにした単純圧縮です。出力画像はサイズ分圧縮されます。

図4-7：プーリング処理

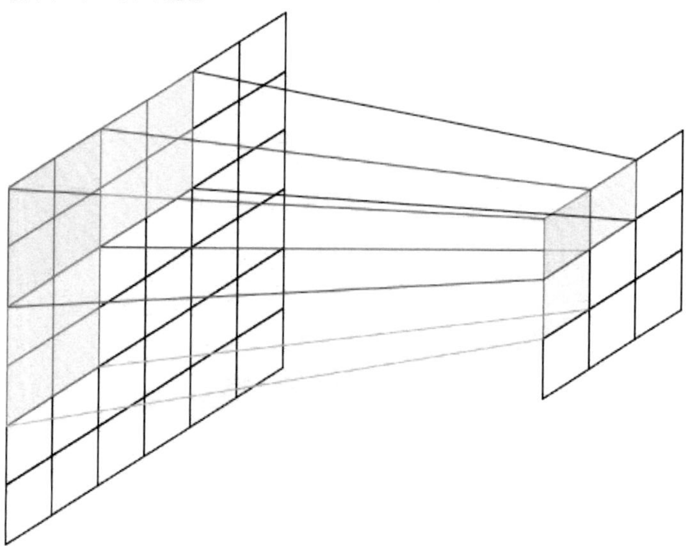

畳み込み演算は機械学習ではひとつのニューロとして捉えられますが演算を図式化すると図4-4のように各入力データ（in0～inN）に対して、それぞれ異なる重み（w0～wN）で乗算し、合計を足してからwOで乗算して出力データ（Out）を求めるかたちになります。

リスト 4-1： cnn.c

```
#include <stdio.h>
#include <stdint.h>
#include <string.h>
#include <stdlib.h>
#include <math.h>
#include "cnn.h"
#include "common.h"

/*
  CalcConvolution()関数
  フィルタの適用
 */
double CalcConvolution(
 double *filter,     // フィルタ
 int filter_size,    // フィルタのサイズ
 double *input_data, // 入力データ
 int input_width,    // 入力データの幅
 int input_height,    // 入力データの高さ
 int input_depth,    // 入力データの深さ
 int x, int y       // フィルタの計算位置
)
{
 int m = 0;      // 繰り返し制御用
 int n = 0;      // 繰り返し制御用
 int d = 0;
 double sum = 0; // 総数の値
 int offset;
 int y_start = y - (filter_size / 2);  // フィルタ計算のスタート位置
 int x_start = x - (filter_size / 2);  // フィルタ計算のスタート位置

 for(d = 0; d < input_depth; ++d){
  offset = (input_width * input_height * d);  // 入力データのオフセット
  for(n = 0; n < filter_size; ++n){
   for(m = 0; m < filter_size; ++m){
    sum += input_data[offset + ((y_start + n) * input_width) +
(x_start + m)] *
       filter[(n * filter_size) + m];
   }
  }
 }
```

```
#if 1
  // 最小値、最大値の計算
  if(sum < 0.0){
    sum = 0.0;
  }
  if(sum > 1.0){
    sum = 1.0;
  }
#endif

  return sum;
}

/*
   Convolution()関数
   畳み込みの計算
 */
int Convolution
(
  double *filter,     // フィルタ
  int filter_size,    // フィルタのサイズ
  double *input_data, // 入力データ
  int input_width,    // 入力データの幅
  int input_height,    // 入力データの高さ
  int input_depth,    // 入力データの深さ
  double *conv_out    // 畳み込み結果
)
{
  int x = 0;  // 繰り返し制御用
  int y = 0;  // 繰り返し制御用
  int start_point = filter_size / 2;  // 畳み込み範囲の下限値
  int conv_width  = input_width  - 2 * (filter_size / 2);  // 畳み込み
後の幅
  int conv_height = input_height - 2 * (filter_size / 2);  // 畳み込
み後の高さ

  for(y = 0; y < conv_height; ++y){
    for(x = 0; x < conv_width; ++x){
      conv_out[y * conv_width + x] =
        CalcConvolution(
          filter,
          filter_size,
```

```
        input_data,
        input_width,
        input_height,
        input_depth,
        (x + start_point),
        (y + start_point)
      );
    }
  }

  return 0;
}

/*
   MaxPooling()関数
   最大値プーリング
 */
double MaxPooling(
  double *conv_out, // 畳み込みデータの出力
  int pool_width,   // プーリング後の幅
  int pool_size,    // プーリングのサイズ
  int x, int y      // 計算位置
)
{
  int m = 0;
  int n = 0;
  double max = -100.0; // 最大値
  double calc = 0;     // 計算値

  for(n = 0; n < pool_size; ++n){
   for(m = 0; m < pool_size; ++m){
     calc = conv_out[(y * pool_width * pool_size * pool_size) +
           (n * pool_width * pool_size) + (x * pool_size) + m];
     if(max < calc) max = calc;
   }
  }

#if 0
  if(max < 0.0){
   max = 0.0;
  }
  if(max > 1.0){
```

```
    max = 1.0;
  }
#endif
  return max;
}

/*
   Pooling()関数
   プーリングの計算
 */
void Pooling(
  double *conv_out, // 畳み込みデータの入力
  int conv_width,   // 畳み込みデータの幅
  int conv_height,  // 畳み込みデータの高さ
  double *pool_out, // プーリング出力
  int pool_size     // プーリングのサイズ
)
{
  int x = 0;
  int y = 0;
  int pool_width  = conv_width / pool_size;  // プーリング後の幅
  int pool_height = conv_height / pool_size; // プーリング後の高さ

  for(y = 0; y < pool_height; ++y){
   for(x = 0; x < pool_width; ++x){
     pool_out[(y * pool_width) + x] =
       MaxPooling(conv_out, pool_width, pool_size, x, y);
   }
  }
}

/*
   InitFilter()関数
   フィルタを初期化する
 */
#if 0
/*
   乱数フィルタ
*/
void InitFilter(
  double *filter,   // フィルタ
  int filter_size,  // フィルタサイズ
```

```
  int filter_num    // フィルタの数
)
{
  int x, y, d;
  int offset;
  for(d = 0; d < filter_num; ++d){
   offset = d * filter_size * filter_size;
   for(y = 0; y < filter_size; ++y){
    for(x = 0; x < filter_size; ++x){
     filter[offset + (y * filter_size) + x] = drnd();
    }
   }
  }
}
#else
/*
  ガボールフィルタ
 */
#define GAMMA (0.7)
#define SIGMA (0.3)
#define PI (3.141592654/180.0)

void InitFilter(
  double *filter,   // フィルタ
  int filter_size,  // フィルタサイズ
  int filter_num    // フィルタの数
)
{
  int x, y, d;

  double nx, ny, xx, yy, w;
  double phai = 0;
  double theta;
  double total;
  double calc;

  int offset;
  for(d = 0; d < filter_num; ++d){
   offset = d * filter_size * filter_size;
   total = 0;
   theta = 360.0 * (((double)d / (double)filter_num) * PI);
   for(y = 0; y < filter_size; ++y){
```

```
      for(x = 0; x < filter_size; ++x){
        nx = x * 2 / (double)filter_size - 1;
        ny = y * 2 / (double)filter_size - 1;
        xx =   nx * cos(theta) + ny * sin(theta);
        yy = - nx * sin(theta) + ny * cos(theta);
        w = exp( - (xx * xx + GAMMA * GAMMA * yy * yy ) / (2 * SIGMA
* SIGMA));
        calc = w * cos(xx * PI * 2.5 + phai);
        filter[offset + (y * filter_size) + x] = calc;
        total += calc;
      }
    }
    total /= filter_size * filter_size;
    for(y = 0; y < filter_size; ++y){
      for(x = 0; x < filter_size; ++x){
        filter[offset + (y * filter_size) + x] -= total;
      }
    }
  }
}
#endif
```

リスト 4-2： cnn.h

```
#ifndef __CNN_HEADER__
#define __CNN_HEADER__

int Convolution
(
  double *filter,     // フィルタ
  int filter_size,    // フィルタのサイズ
  double *input_data, // 入力データ
  int input_width,    // 入力データの幅
  int input_height,    // 入力データの高さ
  int input_depth,    // 入力データの深さ
  double *conv_out    // 畳み込み結果
);

void Pooling(
  double *conv_out, // 畳み込みデータの入力
  int conv_width,   // 畳み込みデータの幅
  int conv_height, // 畳み込みデータの高さ
  double *pool_out, // プーリング出力
```

```
  int pool_size     // プーリングのサイズ
);

void InitFilter(
  double *filter, // フィルタ
  int filter_size,       // フィルタサイズ
  int input_depth        // 入力データの深さ
);

#endif
```

perceptron.c

perceptron.cにはCNNの最終段にあたる全結合のForward関数がCNNの全結合にあたります。このForward関数内で全結合の中間層と出力層が処理されます。HiddenLearn関数とOutLearn関数は全結合の中間層及び出力層の重み学習の関数になっています。

図4-8：全結合処理

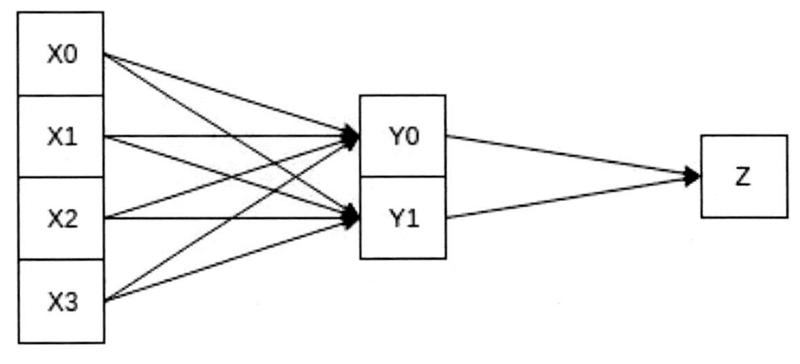

リスト4-3： perceptron.c

```
#include <stdio.h>
#include <stdint.h>
#include <string.h>
#include <stdlib.h>
#include <math.h>
#include "perceptron.h"
#include "common.h"

/*
   Forward()関数
   順方向の計算
```

```
 */
double Forward(
  double *input_data,     // 入力層のデータ
  int input_num,          // 入力層の個数
  double *weight_hidden,  // 中間層の重み
  double *weight_out,     // 出力層の重み
  double *hidden_out,     // 中間層の出力
  int hidden_num          // 中間層の数
)
{
  int i = 0;
  int j = 0;
  double sum; // 歪み付き総数の値
  double out; // 出力値

  // 中間層の計算
  for(i = 0; i < hidden_num; ++i){
    sum = 0.0;  // 総数の初期化
    for(j = 0; j < input_num; ++j){
      sum += input_data[j] * weight_hidden[i * (input_num + 1) +
j];
    }
    sum -= weight_hidden[i * (input_num + 1) + j];  // 閾値の処理
    hidden_out[i] = f(sum);
  }

  // 出力層の計算
  out = 0.0;
  for(i = 0; i < hidden_num; ++i){
    out += hidden_out[i] * weight_out[i];
  }
  out -= weight_out[i]; // 閾値の処理

  return f(out);
}

/*
   HiddenLearn()関数
   中間層の重み学習
 */
void HiddenLearn(
  double *weight_hidden,  // 中間層の重み
```

```
  double *weight_out,     // 出力層の重み
  double *hidden_out,     // 中間層の出力
  int hidden_num,        // 中間層の数
  double *input_data,     // 入力層のデータ
  int input_num,         // 入力層の数
  double teachear,       // 教師データ
  double out            // 出力像の出力
)
{
  int i = 0;
  int j = 0;
  double dj; // 中間層の重み計算に利用

  for(j = 0; j < hidden_num; ++j){  // 中間層の各セルjを対象
   dj = hidden_out[j] * (1 - hidden_out[j]) * weight_out[j] *
      (teachear - out) * out * (1 - out);
   for(i = 0; i < input_num; ++i){  // i番目の重みを処理
    weight_hidden[(j * (input_num + 1)) + i] += ALPHA *
input_data[i] * dj;
   }
   weight_hidden[(j * (input_num + 1)) + i] += ALPHA * (-1.0) *
dj; // 閾値の学習
  }
}

/*
   OutLearn()関数
   出力層の重み学習
 */
void OutLearn(
  double *weight_out, // 出力層の重み
  double *hidden_out, // 中間層の出力
  int hidden_num,    // 中間層の数
  double teacher,    // 教師データ
  double out        // 出力層の出力
)
{
  int i = 0;
  double d; // 重み計算に利用

  d = (teacher - out) * out * (1 - out); // 誤差の計算
  for(i = 0; i < hidden_num; ++i){
```

```
    weight_out[i] += ALPHA * hidden_out[i] * d; // 重みの学習
  }
  weight_out[i] += ALPHA * (-1.0) * d;  // 閾値の学習
}

/*
   Initweight_hidden()関数
   中間層の重みの初期化
 */
void InitWeight_Hidden(
  double *weight_hidden,  // 中間層の重み
  int hidden_num,        // 中間層の数
  int input_num          // 入力データの数
)
{
  int i = 0;
  int j = 0;

  // 乱数による重みの決定
  for(i = 0; i < hidden_num; ++i){
    for(j = 0; j < input_num + 1; ++j){
      weight_hidden[(i * (input_num + 1)) + j] = drnd();
    }
  }
}

/*
   Initweight_out()関数
   出力層の重みの初期化
 */
void InitWeight_Out(
  double *weight_out, // 出力層の重み
  int hidden_num      // 中間層の数
)
{
  int i = 0;

  // 乱数による重みの決定
  for(i = 0; i< hidden_num + 1; ++i){
    weight_out[i] = drnd();
  }
}
```

リスト 4-4： perceptron.h

```
#ifndef __PERCEPTRON_HEADER__
#define __PERCEPTRON_HEADER__

// 係数など
#define SEED 65535      /* 乱数のシード*/
#define LIMIT 0.001      /* 誤差の上限値*/
#define BIGNUM 100      /* 誤差の初期値*/
#define HIDDENNO 3      /* 中間層のセル数*/
#define ALPHA  0.3     /* 学習係数*/

double Forward(
  double *input_data,     // 入力層のデータ
  int input_num,        // 入力層の個数
  double *weight_hidden,  // 中間層の重み
  double *weight_out,     // 出力層の重み
  double *hidden_out,     // 中間層の出力
  int hidden_num        // 中間層の数
);

void HiddenLearn(
  double *weight_hidden,  // 中間層の重み
  double *weight_out,     // 出力層の重み
  double *hidden_out,     // 中間層の出力
  int hidden_num,        // 中間層の数
  double *input_data,     // 入力層のデータ
  int input_num,        // 入力層の数
  double teachear,       // 教師情報
  double out           // 出力像の出力
);

void OutLearn(
  double *weight_out, // 出力層の重み
  double *hidden_out, // 中間層の出力
  int hidden_num,    // 中間層の数
  double teacher,    // 教師情報
  double out        // 出力層の出力
);

void InitWeight_Hidden(
  double *weight_hidden,  // 中間層の重み
```

```
  int hidden_num,        // 中間層の数
  int input_num          // 入力データの数
);

void InitWeight_Out(
  double *weight_out, // 出力層の重み
  int hidden_num      // 中間層の数
);

#endif
```

cnn_main.c

CNN処理のメイン・ソースコードになります。CNNの初期化処理、CNNの処理実行、CNNのレイヤ数などはこのソースコードで管理しています。

リスト 4-5： cnn_main.c

```
#include <stdio.h>
#include <stdint.h>
#include <string.h>
#include <stdlib.h>
#include <math.h>
#include "perceptron.h"
#include "cnn.h"
#include "bitmap.h"
#include "common.h"
#include "cnn_main.h"

// プーリング構造体
typedef struct{
 uint32_t width;
 uint32_t height;
 uint32_t depth;
 double * data;
} PoolImage;

// リストデータ構造体
typedef struct {
 char name[32];
 int teacher;
} InputList;
```

```
typedef struct{
  int filter_num;   // フィルター数
  int filter_size;  // フィルターサイズ
  int pool_size;    // プーリングサイズ

  int input_width, input_height, input_depth; // 入力データの幅、高さ、深さ
  int conv_width, conv_height;               // 畳込み後の幅、高さ
  int pool_width, pool_height, pool_depth;   // プーリング後の幅、高さ、深さ

  double * filter;     // フィルタ
  double * input_data; // 入力データ
  double * conv_out;   // 畳込みデータ
  double * pool_out;   // プーリングデータ
} CNNLayerImage;

/*
   FreeCNNLayerImage()関数
*/
void FreeCNNLayerImage(
  CNNLayerImage * cnn_layer_image
)
{
  int i;

  for(i = 0; i < CNN_LAYER_NUM; ++i){
    free(cnn_layer_image[i].filter);
    free(cnn_layer_image[i].conv_out);
    free(cnn_layer_image[i].pool_out);
  }
  free(cnn_layer_image[0].input_data);
  free(cnn_layer_image);
}

/*
    CNNLayerInit()関数
 */
 CNNLayerImage * CNNLayerInit(
)
{
  CNNLayerImage * cnn_layer_image;
```

```
  cnn_layer_image = (CNNLayerImage * )malloc(sizeof(CNNLayerImage)
 * CNN_LAYER_NUM);

  // CNN Layer 0の設定
  cnn_layer_image[0].filter      = (double *)malloc(sizeof(double)
*
                                   CNN_LAYER0_FILTER_SIZE *
                                   CNN_LAYER0_FILTER_SIZE *
                                   CNN_LAYER0_FILTER_NUM);
  cnn_layer_image[0].filter_num   = CNN_LAYER0_FILTER_NUM;
  cnn_layer_image[0].filter_size  = CNN_LAYER0_FILTER_SIZE;
  cnn_layer_image[0].pool_size    = CNN_LAYER0_POOL_SIZE;
  cnn_layer_image[0].input_width  = INPUT_DATA_SIZE;
  cnn_layer_image[0].input_height = INPUT_DATA_SIZE;
  cnn_layer_image[0].input_depth  = INPUT_DATA_DEPTH;
  cnn_layer_image[0].input_data   = (double *)malloc(sizeof(double)
*
                                   cnn_layer_image[0].input_width *
                                   cnn_layer_image[0].input_height *
                                   cnn_layer_image[0].input_depth );
  // コンボリューション後の幅
  cnn_layer_image[0].conv_width   =
cnn_layer_image[0].input_width -
                                   (2 * (cnn_layer_image[0].filter_size /
2));
  // コンボリューション後の高さ
  cnn_layer_image[0].conv_height = cnn_layer_image[0].input_height
-
                                   (2 * (cnn_layer_image[0].filter_size /
2));
  // 畳込みの領域確保
  cnn_layer_image[0].conv_out     = (double *)malloc(sizeof(double)
*
                                   cnn_layer_image[0].conv_width *
                                   cnn_layer_image[0].conv_height);
  // プーリング後の幅
  cnn_layer_image[0].pool_width   = cnn_layer_image[0].conv_width /
                                   cnn_layer_image[0].pool_size;
  // プーリング後の高さ
  cnn_layer_image[0].pool_height = cnn_layer_image[0].conv_height
/
                                   cnn_layer_image[0].pool_size;
```

```
  // プーリング後の深さ
  cnn_layer_image[0].pool_depth   = cnn_layer_image[0].filter_num;
  // プーリングの領域確保
  cnn_layer_image[0].pool_out     = (double *)malloc(sizeof(double)
*
                          cnn_layer_image[0].pool_width *
                          cnn_layer_image[0].pool_height *
                          cnn_layer_image[0].pool_depth);

  // CNN Layer 1の設定
  cnn_layer_image[1].filter      = (double *)malloc(sizeof(double)
*
                          CNN_LAYER1_FILTER_SIZE *
                          CNN_LAYER1_FILTER_SIZE *
                          CNN_LAYER1_FILTER_NUM);
  cnn_layer_image[1].filter_num   = CNN_LAYER1_FILTER_NUM;
  cnn_layer_image[1].filter_size  = CNN_LAYER1_FILTER_SIZE;
  cnn_layer_image[1].pool_size    = CNN_LAYER1_POOL_SIZE;
  cnn_layer_image[1].input_width  = cnn_layer_image[0].pool_width;
  cnn_layer_image[1].input_height =
cnn_layer_image[0].pool_height;
  cnn_layer_image[1].input_depth  = cnn_layer_image[0].pool_depth;
  cnn_layer_image[1].input_data   = cnn_layer_image[0].pool_out;
  // コンボリューション後の幅
  cnn_layer_image[1].conv_width   =
cnn_layer_image[1].input_width -
                          (2 * (cnn_layer_image[1].filter_size /
2));
  // コンボリューション後の高さ
  cnn_layer_image[1].conv_height = cnn_layer_image[1].input_height
-
                          (2 * (cnn_layer_image[1].filter_size /
2));
  // 畳込みの領域確保
  cnn_layer_image[1].conv_out     = (double *)malloc(sizeof(double)
*
                          cnn_layer_image[1].conv_width *
                          cnn_layer_image[1].conv_height);
  // プーリング後の幅
  cnn_layer_image[1].pool_width   = cnn_layer_image[1].conv_width /
                          cnn_layer_image[1].pool_size;
  // プーリング後の高さ
```

```
  cnn_layer_image[1].pool_height  = cnn_layer_image[1].conv_height
/
                                  cnn_layer_image[1].pool_size;
  // プーリング後の深さ
  cnn_layer_image[1].pool_depth   = cnn_layer_image[1].filter_num;
  // プーリングの領域確保
  cnn_layer_image[1].pool_out     = (double *)malloc(sizeof(double)
*
                                  cnn_layer_image[1].pool_width *
                                  cnn_layer_image[1].pool_height *
                                  cnn_layer_image[1].pool_depth);

  // CNN Layer 2の設定
  cnn_layer_image[2].filter      = (double *)malloc(sizeof(double)
*
                                  CNN_LAYER2_FILTER_SIZE *
                                  CNN_LAYER2_FILTER_SIZE *
                                  CNN_LAYER2_FILTER_NUM);
  cnn_layer_image[2].filter_num   = CNN_LAYER2_FILTER_NUM;
  cnn_layer_image[2].filter_size  = CNN_LAYER2_FILTER_SIZE;
  cnn_layer_image[2].pool_size    = CNN_LAYER2_POOL_SIZE;
  cnn_layer_image[2].input_width  = cnn_layer_image[1].pool_width;
  cnn_layer_image[2].input_height =
cnn_layer_image[1].pool_height;
  cnn_layer_image[2].input_depth  = cnn_layer_image[1].pool_depth;
  cnn_layer_image[2].input_data   = cnn_layer_image[1].pool_out;
  // コンボリューション後の幅
  cnn_layer_image[2].conv_width   =
cnn_layer_image[2].input_width -
                                  (2 * (cnn_layer_image[2].filter_size /
2));
  // コンボリューション後の高さ
  cnn_layer_image[2].conv_height  = cnn_layer_image[2].input_height
-
                                  (2 * (cnn_layer_image[2].filter_size /
2));
  // 畳込みの領域確保
  cnn_layer_image[2].conv_out     = (double *)malloc(sizeof(double)
*
                                  cnn_layer_image[2].conv_width *
                                  cnn_layer_image[2].conv_height);
  // プーリング後の幅
```

```
  cnn_layer_image[2].pool_width  = cnn_layer_image[2].conv_width /
                                 cnn_layer_image[2].pool_size;
  // プーリング後の高さ
  cnn_layer_image[2].pool_height = cnn_layer_image[2].conv_height
/
                                 cnn_layer_image[2].pool_size;
  // プーリング後の深さ
  cnn_layer_image[2].pool_depth  = cnn_layer_image[2].filter_num;
  // プーリングの領域確保
  cnn_layer_image[2].pool_out    = (double *)malloc(sizeof(double)
*
                                 cnn_layer_image[2].pool_width *
                                 cnn_layer_image[2].pool_height *
                                 cnn_layer_image[2].pool_depth);

  return cnn_layer_image;
}

/*
   CNNLayer()関数
 */
int CNNLayer(
  double *filter,     // フィルタ
  int filter_num,     // フィルタの数
  int filter_size,    // フィルタのサイズ
  double *input_data, // 入力データ
  int input_width,    // 入力データの幅
  int input_height,   // 入力データの高さ
  int input_depth,    // 入力データの深さ
  double *conv_out,   // 畳み込み結果
  int conv_width,     // 畳み込みデータの幅
  int conv_height,    // 畳み込みデータの高さ
  double *pool_out,   // プーリング出力
  int pool_width,     // プーリング後の幅
  int pool_height,    // プーリング後の高さ
  int pool_size      // プーリングのサイズ
)
{
  int i;
  int offset;

  for(i = 0; i < filter_num; ++i){
```

```
    // 畳み込みの計算
    Convolution(
      &filter[filter_size*filter_size*i],
      filter_size,
      input_data,
      input_width,
      input_height,
      input_depth,
      conv_out
    );
    // プーリングデータ書き込み先のオフセット計算
    offset = pool_width * pool_height * i;
    // プーリングの計算
    Pooling(
      conv_out,
      conv_width,
      conv_height,
      &pool_out[offset],
      pool_size
    );
  }
  return 0;
}

/*
   CNNLayer()関数
   CNNを行う
*/
int execCNN(
  CNNLayerImage *cnn_layer_image
)
{
  int i;

  // CNN Layer 処理
  for(i = 0; i < CNN_LAYER_NUM; ++i){
    CNNLayer(
      cnn_layer_image[i].filter,
      cnn_layer_image[i].filter_num,
      cnn_layer_image[i].filter_size,
      cnn_layer_image[i].input_data,
      cnn_layer_image[i].input_width,
```

```
      cnn_layer_image[i].input_height,
      cnn_layer_image[i].input_depth,
      cnn_layer_image[i].conv_out,
      cnn_layer_image[i].conv_width,
      cnn_layer_image[i].conv_height,
      cnn_layer_image[i].pool_out,
      cnn_layer_image[i].pool_width,
      cnn_layer_image[i].pool_height,
      cnn_layer_image[i].pool_size
    );
  }

  return 0;
}

/*
   CNN()関数
   教師データからCNN学習を行って全結合層（パーセプトロン）の
   中間層、出力層の重みを算出する
 */
int CNN(
  InputList *input_image,
  int num_of_input_data,
  double *weight_hidden,
  double *weight_out,
  int learnmode
)
{
  double *hidden_data;  // 中間層データ
  double out;           // 最終出力
  int count = 0;        // 学習回数
  double err = BIGNUM;  // 誤差
  int i;

  int input_width, input_height, input_depth; // 入力データの幅、高さ、深さ

  int pool_out_num;
  Image *image;
  int d,x,y;
  int src_pt, dst_pt;

  // 時間測定用
```

```
  double st, et;
  double usage = 0.0;
  int usage_count = 0;

  // 学習時に全結合の出力層の重み退避用
  double * weight_out_old = (double *)malloc(sizeof(double) *
(HIDDEN_NUM + 1));

  CNNLayerImage * cnn_layer_image;
  cnn_layer_image = CNNLayerInit(); // CNN Layer 情報の初期化
  // 全結合の中間層の出力データの領域確保
  hidden_data = (double *)malloc(sizeof(double) * HIDDEN_NUM);

  // フィルタの初期化
  InitFilter(cnn_layer_image[0].filter, CNN_LAYER0_FILTER_SIZE,
CNN_LAYER0_FILTER_NUM);
  InitFilter(cnn_layer_image[1].filter, CNN_LAYER1_FILTER_SIZE,
CNN_LAYER1_FILTER_NUM);
  InitFilter(cnn_layer_image[2].filter, CNN_LAYER2_FILTER_SIZE,
CNN_LAYER2_FILTER_NUM);

  // メインループ
  while(1){
    err = 0.0;
    for(i = 0; i < num_of_input_data; i++){  // 学習データ毎の繰り返し
      // 画像データ読込み
      if(!learnmode) printf("File: %s(%d)\n", input_image[i].name,
input_image[i].teacher);
      image = ReadBMP(input_image[i].name);
      input_width  = image->width;
      input_height = image->height;
      input_depth  = image->bpp/8;
      // uunsigned char → double変換
      for(d = 0; d < input_depth; ++d){
        for(y = 0; y < input_height; ++y){
          for(x = 0; x < input_width; ++x){
            dst_pt = (input_height * input_width * d) + (input_width
* y) + x;
            src_pt = (input_width * input_depth * y) + (input_depth *
x) + d;
            cnn_layer_image[0].input_data[dst_pt] =
              (double)image->data[src_pt] / 255.0;
```

```
      }
    }
  }

  // 畳み込み+プーリング
  if(!learnmode) st = getusage(); // CNN開始時刻の取得
  execCNN(cnn_layer_image);
  if(!learnmode) et = getusage(); // CNN終了時刻の取得
  if(!learnmode){
    usage += et -st;
    ++usage_count;
  }

  // 全結合の入力個数の計算
  pool_out_num = cnn_layer_image[CNN_LAYER_NUM-1].pool_width *
                 cnn_layer_image[CNN_LAYER_NUM-1].pool_height *
                 cnn_layer_image[CNN_LAYER_NUM-1].pool_depth;
  // 全結合(パーセプトロン)
  out = Forward(
    cnn_layer_image[CNN_LAYER_NUM-1].pool_out, pool_out_num,
    weight_hidden, weight_out, hidden_data, HIDDEN_NUM);
  // 全結合の重みの学習
  if(learnmode){
    // 出力層の重みの退避
    memcpy(weight_out_old, weight_out, sizeof(double) *
HIDDEN_NUM);
    // 出力層の重みの調整
    OutLearn(weight_out, hidden_data, HIDDEN_NUM,
(double)input_image[i].teacher, out);
    // 中間層の重みの計算
    HiddenLearn(weight_hidden, weight_out_old, hidden_data,
HIDDEN_NUM,
              cnn_layer_image[CNN_LAYER_NUM-1].pool_out,
pool_out_num,
              (double)input_image[i].teacher, out);
    // 誤差計算
    err += (out - (double)input_image[i].teacher) *
          (out - (double)input_image[i].teacher);
  }

  FreeImg(image);
```

```
      if(!learnmode) printf("[Learn] %lf\n", out);
    }
    if(learnmode) printf("[Learn Out] %d: %f\n", count, err);
    ++count;
    if(((err < LIMIT) && learnmode) || !learnmode) break;
  }
  if(!learnmode){
    printf("UsageTIme: %6.3lf[ms]\n", usage / usage_count);
  }

  free(hidden_data);
  free(weight_out_old);
  FreeCNNLayerImage(cnn_layer_image);

  return 0;
}

/*
   メイン関数
 */
int main(int argc, char **argv)
{
  double *weight_hidden;         // 全結合の中間層の重み
  double *weight_out;            // 全結合の出力層の重み
  int num_of_input_data = 0;     // 入力画像の数
  int learnmode = 0;             // 処理モード(0:演算モード, 1:学習モード)
  char *filename;                // ファイル名
  FILE *fp;                      // ファイルポインタ
  InputList input_list[MAX_LIST]; // リストデータ

  srand(SEED); // 乱数の初期化

  printf("CNN - Start\n");

  // モード判定
  if(argc > 1){
    if(!strcmp(argv[1], "-l")){
      learnmode = 1;
    }
  }

  // ファイルの選択
```

```
  if(learnmode){
    // 学習モード時
    filename = list_learn;
    printf("Mode: Learn\n");
  }else{
    // テスト時
    if(argc > 1){
      filename = argv[1];
      printf("Mode: Custom\n");
    }else{
      filename = list_test;
      printf("Mode: Test\n");
    }
  }
  printf("List File: %s\n", filename);

  // 重みの領域確保
  weight_hidden = (double *)malloc(sizeof(double) * HIDDEN_NUM *
(POOL_OUT_NUM + 1));
  weight_out   = (double *)malloc(sizeof(double) * (HIDDEN_NUM +
1));

  if(learnmode){
    // 学習モード時
    // 重みの初期化
    InitWeight_Hidden(weight_hidden, HIDDEN_NUM, POOL_OUT_NUM);
    InitWeight_Out(weight_out, HIDDEN_NUM);
  }else{
    // 演算モード時
    // 中間層の重みの保存
    if((fp=fopen("weight_hidden.bin", "r+")) != NULL){
      fread(weight_hidden, sizeof(double) * HIDDEN_NUM *
(POOL_OUT_NUM + 1), 1, fp);
    }
    fclose(fp);
    // 出力層の重みの保存
    if((fp=fopen("weight_out.bin", "r+")) != NULL){
      fread(weight_out, sizeof(double) * (HIDDEN_NUM + 1), 1, fp);
    }
    fclose(fp);
  }
```

```
  // 画像リストの読込み
  if((fp=fopen(filename, "r")) != NULL){
    // ファイルが終わるまで読み込む
    while( fscanf(fp,"%s %d",
               &input_list[num_of_input_data].name[0],
               &input_list[num_of_input_data].teacher) != EOF
    ){
      ++num_of_input_data;
    }
  }
  fclose(fp);

  printf("Num of Input Data: %d\n", num_of_input_data);

  // CNN
  CNN(input_list, num_of_input_data, weight_hidden, weight_out,
learnmode);

  // 学習した重みの保存
  if(learnmode){
    // 中間層の重みの保存
    if((fp=fopen("weight_hidden.bin", "w+")) != NULL){
      fwrite(weight_hidden, sizeof(double) * HIDDEN_NUM *
(POOL_OUT_NUM + 1), 1, fp);
    }
    fclose(fp);
    // 出力層の重みの保存
    if((fp=fopen("weight_out.bin", "w+")) != NULL){
      fwrite(weight_out, sizeof(double) * (HIDDEN_NUM + 1), 1, fp);
    }
    fclose(fp);

    // テスト画像リストの読込み
    num_of_input_data = 0;
    if((fp=fopen(list_test, "r")) != NULL){
      // ファイルが終わるまで読み込む
      while( fscanf(fp,"%s %d",
                 &input_list[num_of_input_data].name[0],
                 &input_list[num_of_input_data].teacher) != EOF
      ){
        ++num_of_input_data;
      }
```

```
    }
    fclose(fp);

    // 学習テスト
    CNN(input_list, num_of_input_data, weight_hidden, weight_out,
0);
  }

  // メモリ解放
  free(weight_hidden);
  free(weight_out);

  return 0;

}
```

リスト4-6： cnn_main.h

```
#ifndef __CNN_MAIN_HEADER__
#define __CNN_MAIN_HEADER__

#define MAX_LIST (256)

#define INPUT_DATA_SIZE (60)
#define INPUT_DATA_DEPTH (3)

#define CNN_LAYER_NUM   (3)

#define CNN_LAYER0_FILTER_NUM  (2)
#define CNN_LAYER0_FILTER_SIZE (5)
#define CNN_LAYER0_POOL_SIZE   (2)

#define CNN_LAYER1_FILTER_NUM  (4)
#define CNN_LAYER1_FILTER_SIZE (5)
#define CNN_LAYER1_POOL_SIZE   (2)

#define CNN_LAYER2_FILTER_NUM  (8)
#define CNN_LAYER2_FILTER_SIZE (5)
#define CNN_LAYER2_POOL_SIZE   (2)

#define POOL_OUT_NUM (4*4*CNN_LAYER2_FILTER_NUM)
#define HIDDEN_NUM (POOL_OUT_NUM/2)
```

```
char *list_learn = "list_learn.txt";
char *list_test  = "list_test.txt";

#endif
```

common.c

共通に使用する関数があります。

リスト 4-7： common.c

```
/*
   共通関数
 */
#include <stdio.h>
#include <stdint.h>
#include <string.h>
#include <stdlib.h>
#include <math.h>
#include <sys/time.h>
#include <sys/resource.h>
#include "common.h"

/*
   drnd() 関数
   乱数の生成
*/
double drnd(void)
{
  double rndno; // 生成した乱数

  while((rndno = (double)rand()/RAND_MAX) == 1.0);
  rndno = rndno * 2 - 1;  // -1～1の間の算数を生成
  return rndno;
}

/*
   f() 関数
   伝達関数 ( シグモイド関数 )
 */
double f(double u)
{
```

```
  return 1.0 / (1.0 + exp(-u));
}

/*
*/
double getusage(){
  struct rusage usage;
  struct timeval ut;

  getrusage(RUSAGE_SELF, &usage );
  ut = usage.ru_utime;

  return ((double)(ut.tv_sec)*1000 + (double)(ut.tv_usec)*0.001);
}
```

リスト 4-8： common.h

```
#ifndef __COMMON_HEADER__
#define __COMMON_HEADER__

double drnd(void);
double f(double u);
double getusage();

#endif
```

bitmap.c

BITMAPファイルを読み書き関数があります。

Makefile

リスト 4-9： Makefile

```
all: TestCNN

TestCNN: bitmap.o cnn.o cnn_main.o common.o perceptron.o
gcc -Wall -o TestCNN bitmap.o cnn.o cnn_main.o common.o
perceptron.o -lm

bitmap.o: bitmap.c bitmap.h
gcc -Wall -c bitmap.c
```

```
cnn.o: cnn.c cnn.h
gcc -Wall -c cnn.c

cnn_main.o: cnn_main.c cnn_main.h
gcc -Wall -c cnn_main.c

common.o: common.c common.h
gcc -Wall -c common.c

perceptron.o: perceptron.c perceptron.h
gcc -Wall -c perceptron.c

clean:
rm -rf *.o TestCNN
```

関数の構成

ソフトウェアのFPGA化は関数単位で行うため、ソースコード内の関数構成を把握しておきましょう。本ソースコードは次のような関数構成になっています。

```
main()
├ReadBMP()
├CNN()
| └CNN_Layer()
| | ├Convolution()
| | | └CalcConvolution()
| | └Pooling()
| |   └MaxPooling()
| └Perceptron()
└HiddenLearning()
└OutLearning()
```

性能比較

cnn_main.cのCNN関数には性能比較ができるように画像毎のCNN処理時間を測定するようにしています（リストx）。後述で比較している処理時間を測定している範囲になります。

リスト4-10：処理時間計測

```
        // 畳み込み+プーリング
```

```
    if(!learnmode) st = getusage(); // CNN開始時刻の取得

    execCNN(cnn_layer_image);

    // 全結合の入力個数の計算
    pool_out_num = cnn_layer_image[CNN_LAYER_NUM-1].pool_width *
                   cnn_layer_image[CNN_LAYER_NUM-1].pool_height *
                   cnn_layer_image[CNN_LAYER_NUM-1].pool_depth;
    // 全結合(パーセプトロン)
    out = Forward(
      cnn_layer_image[CNN_LAYER_NUM-1].pool_out, pool_out_num,
      weight_hidden, weight_out, hidden_data, HIDDEN_NUM);

    if(!learnmode) et = getusage(); // CNN終了時刻の取得
    if(!learnmode){
      usage += et -st;
      ++usage_count;
    }
```

ソフトウェアの動作確認

まず、PC上でソフトウェアが完成しているかを確認します。本アプリケーションはリスト4-11のようにmakeを実行し、アプリケーションを実行することで学習を開始します。学習には数10分程度かかります。

本アプリケーションでは学習中に次のメッセージを出力します。

[Learn Out] 学習回数: 学習結果の誤差

学習結果は誤差が0.001を下回るまで繰り返し行います。

リスト4-11：アプリケーションで学習の実行例（PC上）

```
$ make
$ ./TestCNN -l
CNN - Start
Mode: Learn
List File: list_learn.txt
Num of Input Data: 100
[Learn Out] 0: 13.985914
```

```
[Learn Out] 1: 11.847660
[Learn Out] 2: 8.826511
[Learn Out] 3: 8.058394
[Learn Out] 4: 7.230830
[Learn Out] 5: 6.465449
...学習を繰り返す
[Learn Out] 5268: 0.001001
[Learn Out] 5269: 0.001001
[Learn Out] 5270: 0.001000
[Learn Out] 5271: 0.001000
[Learn Out] 5272: 0.001000  ←  この時点で学習は終了
File: img/Abyssinian_150.bmp(1)
[Learn] 0.973754
...学習結果のテスト
File: img/shiba_inu_159.bmp(0)
[Learn] 0.180121
UsageTIme:  4.650[ms]
$
```

学習後、weight_hidden.bin（中間層の重みデータ）とweight_out.bin（出力層の重みデータ）を出力します。リスト4-12のように実行すると保存した重みデータを使用して検証データと合わせて認識確認が行えます。

リスト4-12：アプリケーションで検証の実行例（PC上）

```
$ ./TestCNN
CNN - Start
Mode: Test
List File: list_test.txt
Num of Input Data: 20
File: img/Abyssinian_150.bmp(1)
[Learn] 0.973754
File: img/Abyssinian_151.bmp(1)
[Learn] 0.999902
...  検証を繰り返す
File: img/shiba_inu_158.bmp(0)
[Learn] 0.638702
File: img/shiba_inu_159.bmp(0)
[Learn] 0.180121
UsageTIme:  4.650[ms]
$
```

実施例で使用した猫と犬の顔データでは約80%の正解率の精度になっています。精度を上げるためにはCNNのレイヤ総数やフィルタ数、フィルタ係数、全結合の個数などの見直しが必要になってくるでしょう。本書はCNNをFPGAに組み込むことが主な目的であるため精度向上の見直しは行いません。

PCでソフトウェアが正常に動作することを確認でき、ソースコードに問題がないことを確認できたところで本格的にFPGA化への作業へ進みます。

第五章ハードウェア・プログラミング（組み込み編）

本章からは、CNNのソースコードをFPGAに組み込んでいきながら性能向上を進めていきます。

ケース0：SDSoCに適用

SDSoCへの適用は、まず作成したソースコードをSDSoCプロジェクトに格納し、SDSoC上で正常にコンパイルできるかを確認するところから始まります。前章ではPC上でソースコードの動作確認を行いましたが、CNNのように機械学習や深層学習、AIなどのソフトウェアはFPGA上ではなくPCで開発されることが一般的です。しかし、PC上のソフトウェア開発環境はSDSoCとは異なる場合があるため、PCで動作するソースコードがそのままSDSoCに適用できない可能性があります。そのために第一段階としてソースコードがコンパイルできるかを確認するところからスタートします。

まずSDSoCプロジェクトを作成し、ソースコードを作成したSDSoCプロジェクトのsrcフォルダに格納します。図5-1のようにsrcフォルダに本ソースコードを格納し、デフォルトの設定の状態でプロジェクトのビルドを実施します。デフォルトの設定ではFPGA化の設定などは行っていないため、評価ボード（ZynqのARM）上で動作するただのアプリケーションのコンパイルと変わりはありません。ここではソースコードがZynqで実行できるソースコードなのか、正常にコンパイルできるかを確認します。

図 5-1：ビルドの手順

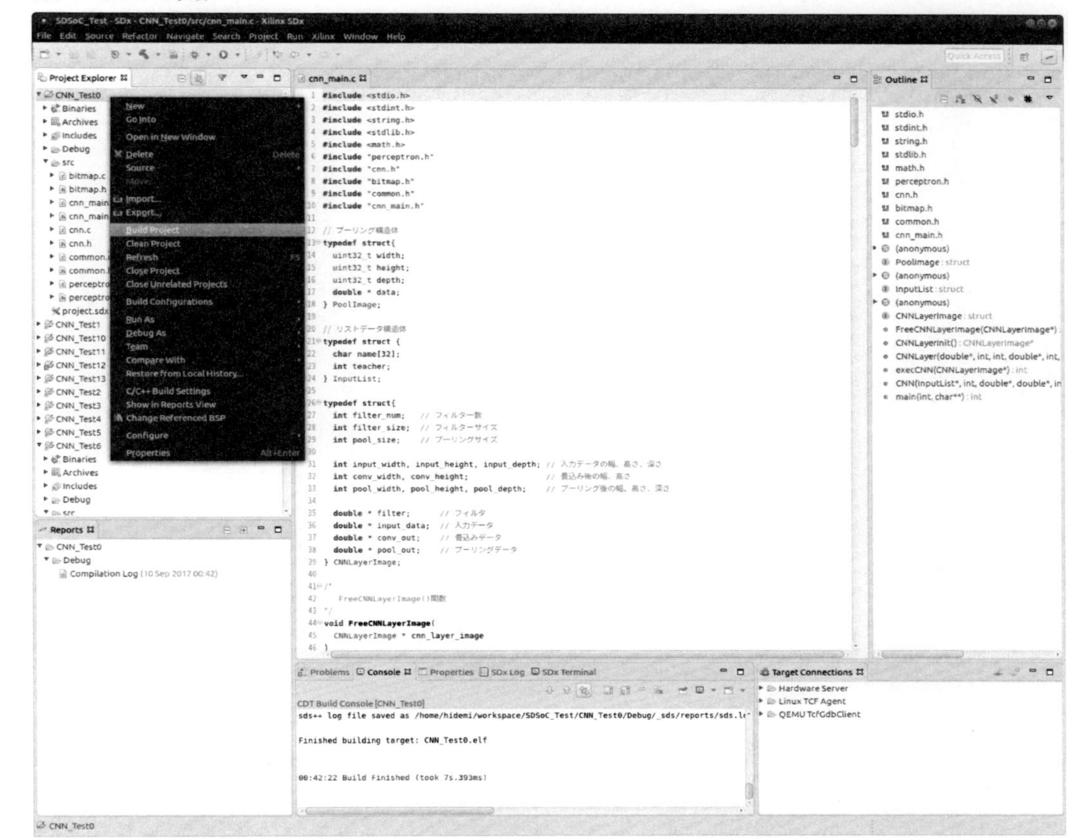

SDSoC_Test - SDx - CNN_Test0/src/cnn_main.c - Xilinx SDx
File Edit Source Refactor Navigate Search Project Run Xilinx Window Help
Project Explorer
CNN_Test0
Binaries
Archives
Includes
Debug
src
project.sdx
New
Go Into
Open in New Window
Delete
Source
Move...
Import...
Export...
Build Project
Clean Project
Refresh
Close Project
Close Unrelated Projects
Build Configurations
Run As
Debug As
Team
Compare With
Restore from Local History...
C/C++ Build Settings
Show in Reports View
Change Referenced BSP
Configure
Properties
cnn_main.c
#include <stdio.h>
#include <stdint.h>
#include <string.h>
#include <stdlib.h>
#include <math.h>
#include "perceptron.h"
#include "cnn.h"
#include "bitmap.h"
#include "common.h"
#include "cnn_main.h"
// プーリング構造体
typedef struct{
uint32_t width;
uint32_t height;
uint32_t depth;
double * data;
} PoolImage;
// リストデータ構造体
typedef struct {
char name[32];
int teacher;
} InputList;
typedef struct{
int filter_num; // フィルター数
int filter_size; // フィルターサイズ
int pool_size; // プーリングサイズ
int input_width, input_height, input_depth; // 入力データの幅、高さ、深さ
int conv_width, conv_height; // 畳込み後の幅、高さ
int pool_width, pool_height, pool_depth; // プーリング後の幅、高さ、深さ
double * filter; // フィルタ
double * input_data; // 入力データ
double * conv_out; // 畳込みデータ
double * pool_out; // プーリングデータ
} CNNLayerImage;
/*
FreeCNNLayerImage()関数
*/
void FreeCNNLayerImage(
CNNLayerImage * cnn_layer_image
)
Outline
Reports
Compilation Log (10 Sep 2017 00:42)
Problems Console Properties SDx Log SDx Terminal
CDT Build Console [CNN_Test0]
sds++ log file saved as /home/hidemi/workspace/SDSoC_Test/CNN_Test0/Debug/_sds/reports/sds.l
Finished building target: CNN_Test0.elf
00:42:22 Build Finished (took 7s.393ms)
Target Connections
Hardware Server
Linux TCF Agent
QEMU TcfGdbClient

図5-2:コンパイルログ

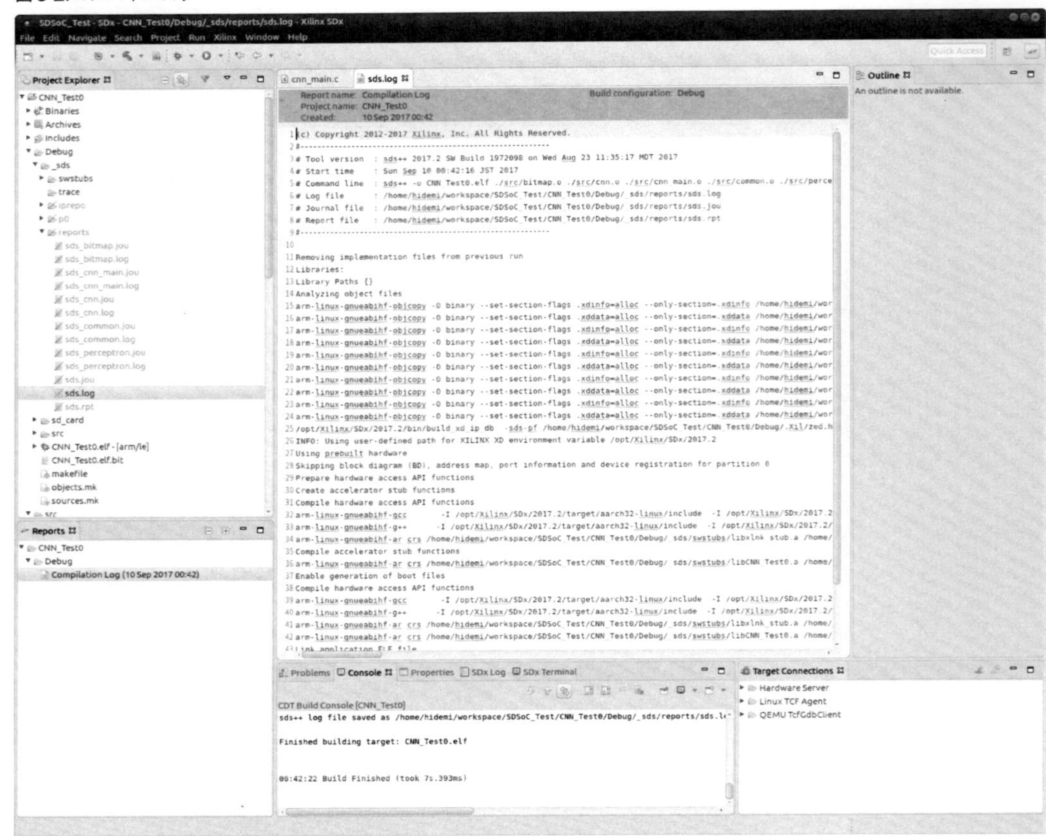

ビルドが完了するとDebugフォルダのsd_cardに次のファイルが生成されます。

BOOT.BIN ← Zynqを起動するためのバイナリ（FPGAバイナリ込み）

image.ub ← Zynqで起動するLinuxイメージ

CNN_Test00.elf ← 実行アプリケーション

この3つのファイルを、第三章で動作確認したように第一パーティションがFATにフォーマットされたSDカードにコピーして、評価ボード上で実行してみましょう。評価ボードにSDカードを挿入して、電源スイッチをONにするとリスト5-1のようにLinuxの起動メッセージが表示されLinuxのコマンドプロンプトになります。

リスト5-1：Linux起動メッセージ

```
U-Boot 2017.01 (Jul 13 2017 - 14:51:11 -0700)

Model: Zynq Zed Development Board
Board: Xilinx Zynq
DRAM:  ECC disabled 512 MiB
MMC:   sdhci@e0100000: 0 (SD)
```

```
Using default environment

In:    serial
Out:   serial
Err:   serial
Net:   ZYNQ GEM: e000b000, phyaddr 0, interface rgmii-id
eth0: ethernet@e000b000
U-BOOT for zed

Hit any key to stop autoboot:  0
Device: sdhci@e0100000
Manufacturer ID: 74
OEM: 4a60
Name: USD
Tran Speed: 50000000
Rd Block Len: 512
SD version 3.0
High Capacity: Yes
Capacity: 3.7 GiB
Bus Width: 4-bit
Erase Group Size: 512 Bytes
reading image.ub
10052892 bytes read in 848 ms (11.3 MiB/s)
## Loading kernel from FIT Image at 10000000 ...
   Using 'conf@1' configuration
   Verifying Hash Integrity ... OK
   Trying 'kernel@0' kernel subimage
     Description:  Linux Kernel
     Type:         Kernel Image
     Compression:  uncompressed
     Data Start:   0x100000d4
     Data Size:    3753920 Bytes = 3.6 MiB
     Architecture: ARM
     OS:           Linux
     Load Address: 0x00008000
     Entry Point:  0x00008000
     Hash algo:    sha1
     Hash value:   b5a19b81a5f0980f3292e313740266ebd5726264
   Verifying Hash Integrity ... sha1+ OK
## Loading ramdisk from FIT Image at 10000000 ...
   Using 'conf@1' configuration
   Trying 'ramdisk@0' ramdisk subimage
```

```
      Description:  ramdisk
      Type:         RAMDisk Image
      Compression:  uncompressed
      Data Start:   0x10398310
      Data Size:    6282779 Bytes = 6 MiB
      Architecture: ARM
      OS:           Linux
      Load Address: unavailable
      Entry Point:  unavailable
      Hash algo:    sha1
      Hash value:   1ce085bd460c5f8927f270934d7c4fabdd8405f3
    Verifying Hash Integrity ... sha1+ OK
## Loading fdt from FIT Image at 10000000 ...
    Using 'conf@1' configuration
    Trying 'fdt@0' fdt subimage
      Description:  Flattened Device Tree blob
      Type:         Flat Device Tree
      Compression:  uncompressed
      Data Start:   0x10394988
      Data Size:    14551 Bytes = 14.2 KiB
      Architecture: ARM
      Hash algo:    sha1
      Hash value:   fe991e0c0d390d64513dd91fb4b9c3c7efaa3ad7
    Verifying Hash Integrity ... sha1+ OK
    Booting using the fdt blob at 0x10394988
    Loading Kernel Image ... OK
    Loading Ramdisk to 07a02000, end 07fffe1b ... OK
    Loading Device Tree to 079fb000, end 07a018d6 ... OK

Starting kernel ...

INIT: version 2.88 booting
Starting udev
Populating dev cache
hwclock: can't open '/dev/misc/rtc': No such file or directory
Thu Aug  3 23:32:06 UTC 2017
hwclock: can't open '/dev/misc/rtc': No such file or directory
Starting internet superserver: inetd.
Running postinst /etc/rpm-postinsts/100-mnt-sd...
Running postinst /etc/rpm-postinsts/101-sysvinit-inittab...
update-rc.d: /etc/init.d/run-postinsts exists during rc.d purge
(continuing)
```

```
 Removing any system startup links for run-postinsts ...
  /etc/rcS.d/S99run-postinsts
INIT: Entering runlevel: 5
Configuring network interfaces... udhcpc (v1.24.1) started
Sending discover...

root@avnet-digilent-zedboard-2017_2:~#
```

/mntにSDカードの第一パーティションがマウントされており、作成したアプリケーションは/mntに存在します。/mntフォルダに移動してアプリケーション（CNN_Test0.elf）を実行してみましょう。

リスト5-2：評価ボード（ZedBoard）上でアプリケーションの実行例

```
root@avnet-digilent-zedboard-2017_2:~# cd /mnt
root@avnet-digilent-zedboard-2017_2:/mnt# ./CNN_Test0.elf
CNN - Start
Mode: Learn
List File: list_learn.txt
Num of Input Data: 100
[Learn Out] 0: 13.985914
[Learn Out] 1: 11.847660
[Learn Out] 2: 8.826511
[Learn Out] 3: 8.058394
[Learn Out] 4: 7.230830
[Learn Out] 5: 6.465449
...学習を繰り返す
[Learn Out] 5267: 0.001001
[Learn Out] 5268: 0.001001
[Learn Out] 5269: 0.001001
[Learn Out] 5270: 0.001000
[Learn Out] 5271: 0.001000
[Learn Out] 5272: 0.001000
File: img/Abyssinian_150.bmp(1)
[Answer] 0.973754
File: img/Abyssinian_151.bmp(1)
[Answer] 0.999902
...テストを繰り返す
File: img/shiba_inu_158.bmp(0)
[Answer] 0.638702
File: img/shiba_inu_159.bmp(0)
[Answer] 0.180121
```

```
UsageTIme: 46.000[ms]
root@avnet-digilent-zedboard-2017_2:/mnt#
```

ZynqのARMでは46msで１枚の画像を処理しました。これがFPGA化と性能比較の対象になります。FPGA化を行って46msを上回らないようであれば、FPGA化の意味がありません。様々なケースを実施しながらFPGAへの組み込みを行っていきます。

ケース１：関数のFPGA化

本章から本格的にソースコードの関数のFPGA化を実施していきます。SDSoC上の「Project Settings」の「Hardware Function」にある稲妻のようなボタンをクリックするとソースコードの全ての関数一覧を表示します。ここからFPGA化する関数を選択します。まず、cnn.cにあるCalcConvolution()関数（リスト5-3）をFPGA化してみましょう。

リスト5-3：FPGA化するCalcConvolution関数（cnn.c）

```
double CalcConvolution(
  double *filter,    // フィルタ
  int filter_size,   // フィルタのサイズ
  double *input_data, // 入力データ
  int input_width,   // 入力データの幅
  int input_height,   // 入力データの高さ
  int input_depth,   // 入力データの深さ
  int x, int y      // フィルタの計算位置
)
```

本ソースコードでCalcConvolution関数は次のように畳み込み処理の一番、最下位層の関数になります。

```
main()
├ReadBMP()
├CNN()
| └CNN_Layer()
| | ├Convolution()
| | | └CalcConvolution()
| | └Pooling()
| |   └MaxPooling()
| └Perceptron()
└HiddenLearning()
└OutLearning()
```

SDSoCで関数をFPGA化する場合、関数ツリーの上位の関数を対象とするよりも出来る限り下位の関数から順番にFPGA化に展開していくことをお勧めします。前項のFPGA化の実行フローで解説しているように関数のFPGA化はFPGAコンパイルで論理合成及び配置配線を行います。FPGAのコンパイルではFPGAに収まる最適なハードウェア構成を算出するために合成を繰り返すため、非常に多くの時間を必要とします。例えば、FPGAのサイズぎりぎりであったり、サイズが超えてしまうような関数の場合、FPGAのコンパイルではトライアンドエラーでFPGAに収まりきるか挑戦します。ソフトウェアのコンパイルでは滅多には考えられないことなのですがFPGAのコンパイルは場合によって、１０数時間も行うこともあります。そのため、効率よいFPGAのコンパイルを行っていくために小さな単位（関数）からFPGA化へ進めていくことをお勧めします。

CalcConvolution関数をFPGA化するには図5-3のように関数を指定します。

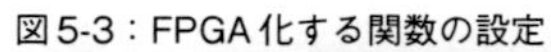
図5-3：FPGA化する関数の設定

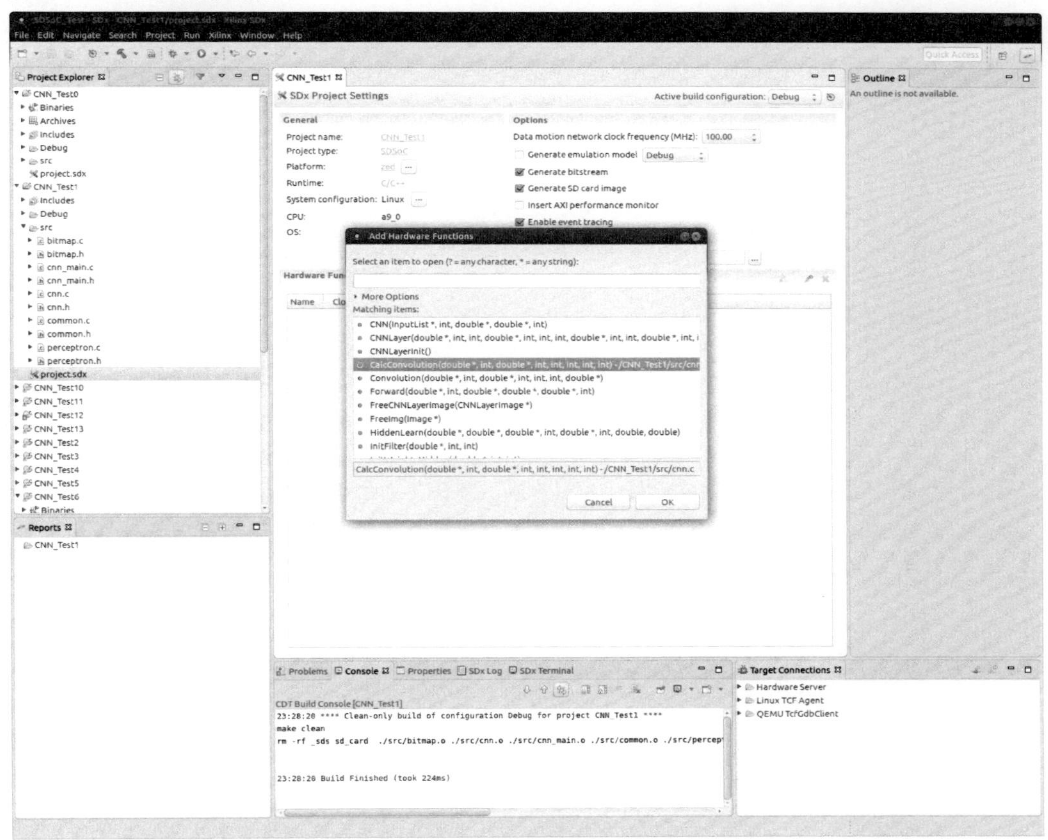

関数を指定すると図5-3のようにFPGA化対象の関数が一覧に表示されます。一覧には関数の動作周波数があり、評価ボード毎に定義されている周波数から選択することができます。この周波数の設定が唯一、ソフトウェア開発者が直接設定できる具体的な性能設定になります。

図5-4：FPGA化対象の関数一覧

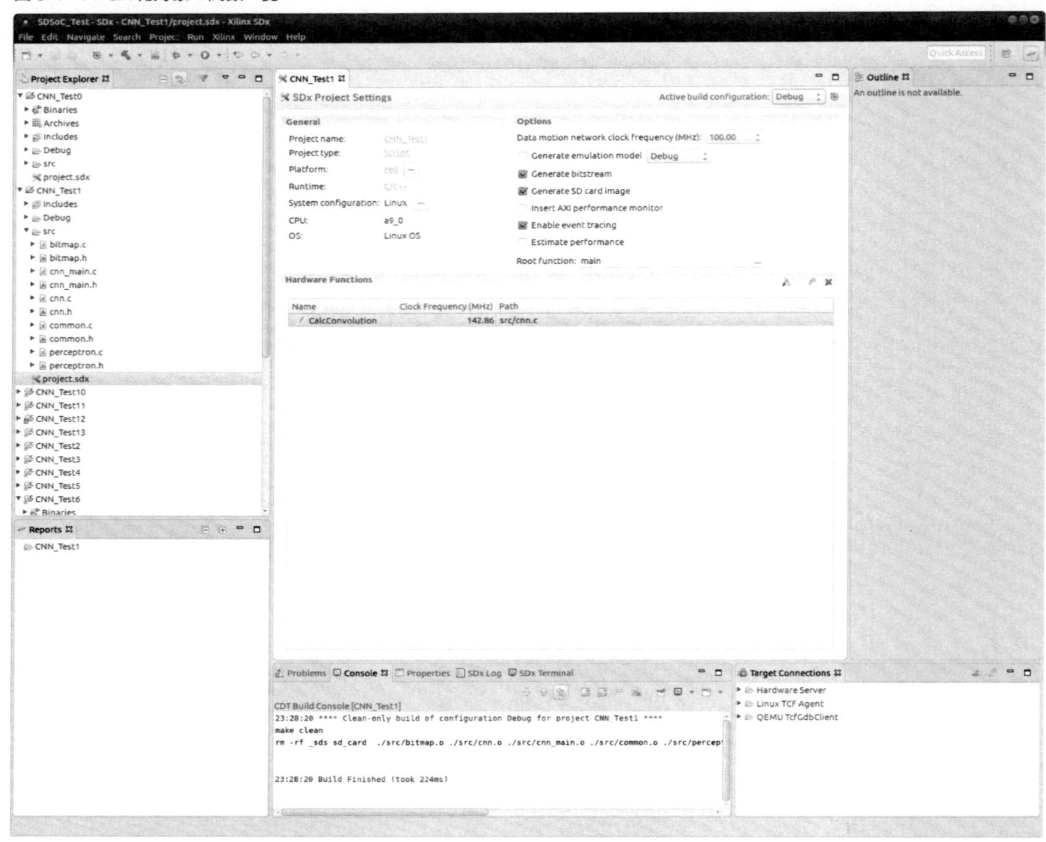

図5-4のようにCalcConvolutionが表示されていることを確認して、プロジェクトをビルドします。ここでは単純にソースコードをコンパイルした時とは違い、FPGA化する関数はSDSoCが高位合成用のソースコードを生成し、高位合成にてFPGA用のモジュールを生成し、FPGAの論理合成及び配置配線を行ってFPGA用バイナリファイルを生成します。ソフトウェア側のFPGA化する関数はSDSoCがFPGAにアクセスできるソースコードへ自動的に変換してコンパイルを行います。

図5-5：SDSoCのコンパイルイメージ

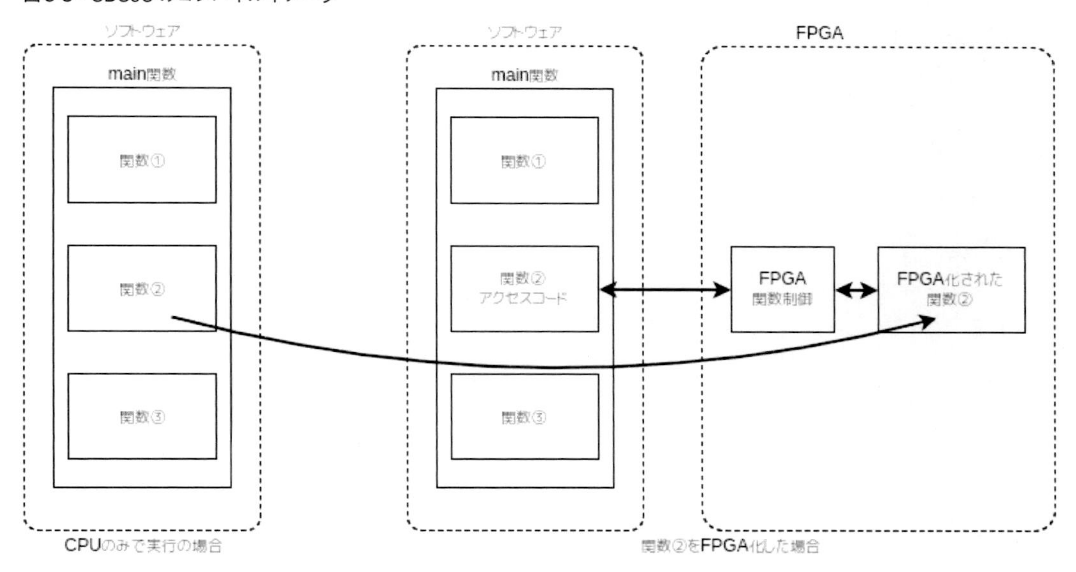

さて、FPGA化する関数だけを選択してそのままコンパイルを進めた場合、SDSoCのconsoleにエラーが発生していることでしょう。多くのエラーはSDSoCコンパイラの制約によるエラーであり、普段書くようなソースコードではコンパイルできないことを意味しています。SDSoCコンパイラはFPGA化する関数に多くの制約が存在します。そのためにFPGA化できるようにソースコードを修正する必要があります。

配列及び構造体

FPGAはデバイスごとに物理的なリソースが決まっており、配列や構造体などポインタのみでFPGA化する関数の引数に指定することができません。特に配列や構造体についてはFPGAでデータ転送を行うための確保するメモリ領域を決めるために明確にサイズを指定する必要があります。また、グローバル変数やグローバル配列などについても、FPGA化対象の関数とソフトウェアでは管理する領域が物理的に変わってくるため、FPGA化対象の関数内でグローバル変数やグローバル関数を使用することはできません。ソフトウェアを作成する上で最初から注意して開発することをお勧めします。

実施例ではCalcConvolution関数をリスト5-4からリスト5-5のように配列の深さを明示的に指定するように修正します。本ソースコードではCalcConvolutionはCNNレイヤから使用されるため、filterとinput_dataの深さは実行毎に変わります。ここでは全てのCNNレイヤでの最大値を指定します。本アプリケーション上でCalcConvoluitonはCNNレイヤ0~3までで繰り返し使用される関数になっています。従って、filterとinput_dataの深さは各レイヤで表5-1のようになり、filterの場合、CNNレイヤ0～3のうち、フィルタ数が最大になるレイヤ2のフィルタ数（5×5×8）を与えています。一方、input_dataはレイヤ0の入力データ数（60×60×3）

が最大値になります。

FPGA化した関数とアクセスする配列は深さが16,384までしか指定することができません。この点にも注意してください。16,384を超える深さの配列がある場合はソースコードを工夫して、16,384単位でコピーするなどの方法が必要になります。

リスト5-4： 変数の深さの修正前

```
double CalcConvolution(
  double *filter,     // フィルタ
  int filter_size,    // フィルタのサイズ
  double *input_data, // 入力データ
  int input_width,    // 入力データの幅
  int input_height,   // 入力データの高さ
  int input_depth,    // 入力データの深さ
  int x, int y       // フィルタの計算位置
)
```

リスト5-5： 変数の深さの修正後

```
double CalcConvolution(
  double filter[5*5*8],     // フィルタ
  int filter_size,    // フィルタのサイズ
  double input_data[60*60*3], // 入力データ
  int input_width,    // 入力データの幅
  int input_height,   // 入力データの高さ
  int input_depth,    // 入力データの深さ
  int x, int y       // フィルタの計算位置
)
```

表5-1： 各レイヤのワード数

	レイヤ0	レイヤ1	レイヤ2
filter（フィルタ）	5×5×2	5×5×4	5×5×8
input_data（入力データ）	60×60×3	28×28×2	12×12×4

このようにFPGA化する関数に対して、微小ながらも修正を加えていくことが多々発生します。FPGA化する関数を修正後はすぐにビルドを行ってFPGA化を行わず、SDSoCの図5-4からFPGA化する関数の設定を削除してソフトウェアのみでコンパイルが正常に完了すること、また、ソフトウェアのみで処理結果が修正前と変わっていないことを確認してからFPGA化の作業を再開することをお勧めします。

繰り返しになりますが、FPGA化する関数の論理合成及び配置配線は長い時間がかかります。通常のアプリケーションのコンパイルが数10秒〜数分で完了するものでも、FPGAの論理合成及び配置配線は数１０分〜数時間かかることがあります。このコンパイル時間だけは我慢して待つしかありません。ソースコードの記述ミスで数時間もコンパイルが終了しないケースも発生することがあります。ソースコードの修正後のソフトウェアのみでの動作確認は無駄な作業時間を発生させないための施策でもあります。

もうひとつ、注意しなければいけないことは配列に明示的な深さを指定しても、コンパイラではソースコード上のアクセスする配列の深さがオーバーしていても、ワーニングなどのメッセージは一切出力されません。ソフトウェアの場合、確保したメモリ領域以上にアクセスした場合はメモリリークが発生しますが、FPGAの場合は最悪ソフトウェアとFPGA間のアクセスが停止する又はFPGAとメモリ間のメモリ転送が停止し、FPGAでの実行結果が全く返ってこない状態になり、アプリケーション又はOSそのものがデッドロックの状態になりえます。一般的にソフトウェアだけのメモリリークよりもひどい状況になる可能性が高いため、よく注意して深さを追加するようにしましょう。

SDSoCコンパイル結果

ソースコードを修正し、ソフトウェアが問題なければFPGA化する関数を選択し、再びビルドを行いましょう。

コンパイルが完了すると「Reports」タブに「HLS Report」が作成されます。「HLS Report」をダブルクリックして、コンパイル結果を確認します。「Synthesis」タブで「Summary」を確認しましょう。このレポートはDebug/_sds/reportsにある拡張子がrptのファイルでも確認することが可能です。

図5-5：コンパイル結果

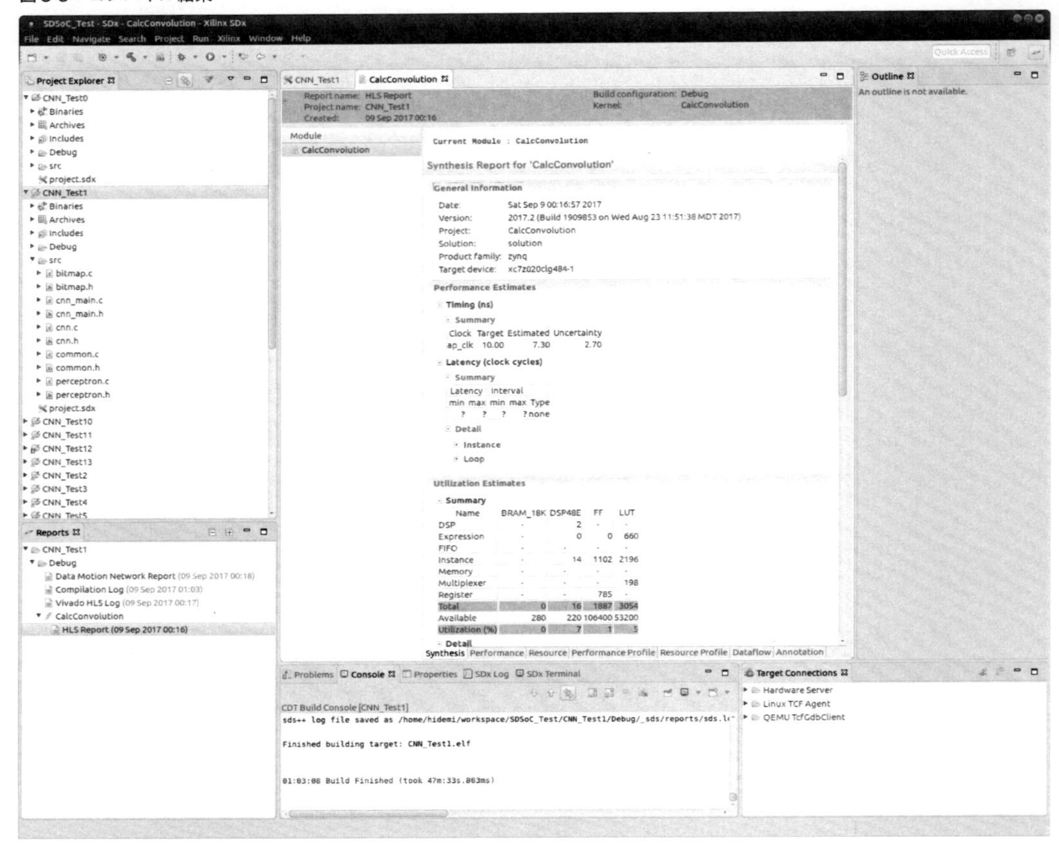

リスト5-6：ケース1のFPGA使用率

```
* Summary:
+-----------------+---------+-------+--------+-------+
|       Name      | BRAM_18K| DSP48E|   FF   |  LUT  |
+-----------------+---------+-------+--------+-------+
|DSP              |        -|      2|       -|      -|
|Expression       |        -|      0|       0|    660|
|FIFO             |        -|      -|       -|      -|
|Instance         |        -|     14|    1102|   2196|
|Memory           |        -|      -|       -|      -|
|Multiplexer      |        -|      -|       -|    198|
|Register         |        -|      -|     785|      -|
+-----------------+---------+-------+--------+-------+
|Total            |        0|     16|    1887|   3054|
+-----------------+---------+-------+--------+-------+
|Available        |      280|    220|  106400|  53200|
```

```
+------------------+---------+-------+--------+-------+
|Utilization (%)   |        0|      7|       1|      5|
+------------------+---------+-------+--------+-------+
```

FPGAでは物理的にBRAM_18K、DSP48E、FF、LUTの4つの回路で構成されます。これらはデバイスごとにサイズが変わってきます。CalcConvolution関数はDSP48Eを16個（7%）、FFを2,121個（1%）、LUTを3,068個（5%）使用しました。

レポートファイルでは「Synthesis」の他に「Performance」「Resource」ではFPGA化した関数のシーケンスとアクセス状況を確認することができます。「Performance Profile」ではFPGA化した関数のパイプライン状況や最終結果が出力されるレイテンシ（遅延時間）などが出力されます。「Annotation」ではFPGA化した関数のどの行でどれだけのハードウェア・リソースが使用されたかを表示します。

これらのレポート情報を元にFPGA化した関数の性能向上などを行っていきます。

評価ボードで実行

ビルドを完了して生成されたアプリケーションとFPGAバイナリファイルを再び、SDカードにコピーして、CalcConvolution関数の動作確認と性能を見てみましょう。実行結果はリスト5-7のようになりました。

リスト5-7：ケース1の実行結果

```
root@avnet-digilent-zedboard-2017_2:/mnt# ./CNN_Test1.elf
CNN - Start
Mode: Test
List File: list_test.txt
Num of Input Data: 20
File: img/Abyssinian_150.bmp(1)
[Answer] 0.973754
File: img/Abyssinian_151.bmp(1)
[Answer] 0.999902
...繰り返し実行
File: img/shiba_inu_158.bmp(0)
[Answer] 0.638702
File: img/shiba_inu_159.bmp(0)
[Answer] 0.180121
UsageTIme: 2135.500[ms]
root@avnet-digilent-zedboard-2017_2:/mnt#
```

CNNの画像毎の処理時間が約2,135msと約2秒強の時間がかかるようになり、ソフトウェアのみで実行した時に比べて、50倍も処理時間がかかるという悪い結果が出ました。このように性能は無視してFPGA化することは可能です。ソフトウェアのFPGA化によって５０倍も遅くなるのであれば、FPGA化するメリットはどこにもありません。まずはデフォルト設定でのFPGA化した関数の処理をみてみましょう。

デフォルトの状態ではFPGA化した関数はforループ毎にデータを共有メモリから取得して演算を行って、結果を共有メモリに格納します。つまり、ほぼCPUと同じような、演算ごとに共有メモリからデータを読み込んで演算するというFPGAにとって非常に効率の悪いアクセス方法での処理になっています。これでは動作周波数が速いCPUの方が当然、処理速度が速い結果になります。

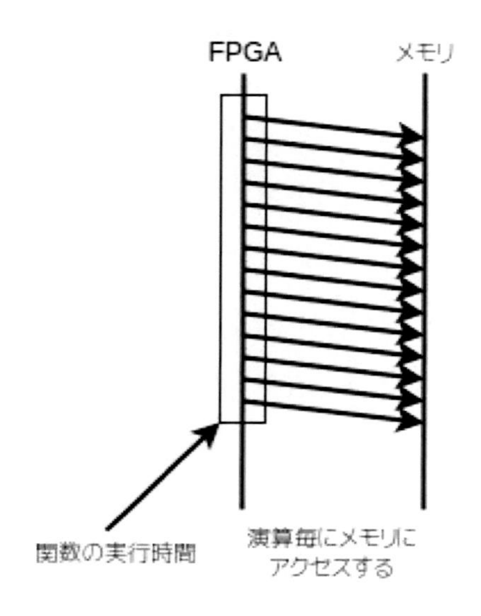

ケース２：SDSoCのpragmaで転送方式の指定

本ソースコードでのCalcConvolution関数のfillterとinput_dataへのアクセスはランダムアクセスではないので配列のデータを一度に転送することで効率の良いアクセスを行うことができます。配列に対して、access_pattern プラグマを使用して転送方式を指定します。

図5-8：DMAイメージ

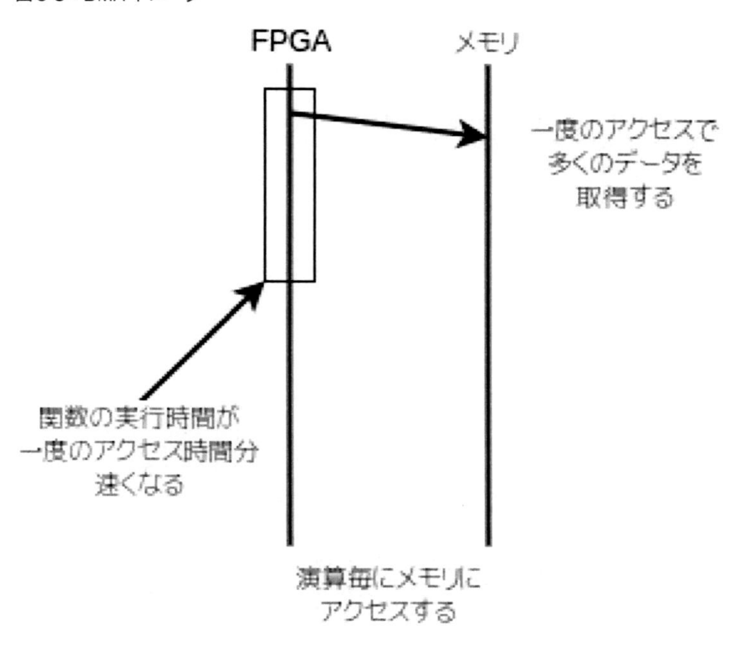


```
#pragma SDS data access_pattern(ArrayName:pattern)
```

SEQUENTIAL または RANDOM のいずれかに指定できます。デフォルトは RANDOM です。access_pattern プラグマを使用すると copy 又は zero_copy プラグマを使用することができ、同時に配列の深さを指定することができます。

表5-2：access_pattern プラグマの設定値

設定値	概要
SEQUENCIAL	ストリーミング・インターフェースを生成する
RANDOM	RAM インターフェースを生成する

```
#pragma SDS data copy|zero_copy(ArrayName[<offset>:<length>])
```

copy 又は zero_copy プラグマは表5-3のように転送方法を明示的に指定し、同時に配列の深さを指定することができます。

表5-3：copy/zero_copy プラグマ

プラグマ	概要
copy	データがホストメモリからFPGA化した関数にコピーされる。転送方法は最適なものを使用する。
zero_copy	FPGA化した関数からAXI4マスターを介して、共有メモリからデータに直接アクセスをする。

zero_copyプラグマを使用して、配列の深さを指定することでポインタ宣言のまま引数を使用することができます。逆にzero_copyプラグマで深さを指定せずに前項と同様に配列の引数に明示的に深さを指定しても問題ありません。

リスト5-8：CalcConvolution関数にプラグマを適用

```
#pragma SDS data access_pattern(filter:SEQUENTIAL)
#pragma SDS data access_pattern(input_data:SEQUENTIAL)
#pragma SDS data zero_copy(filter[0:5*5*8-1])
#pragma SDS data zero_copy(input_data[0:60*60*3-1])
double CalcConvolution(
  double *filter,     // フィルタ
  int filter_size,    // フィルタのサイズ
  double *input_data, // 入力データ
  int input_width,    // 入力データの幅
  int input_height,   // 入力データの高さ
  int input_depth,    // 入力データの深さ
  int x, int y        // フィルタの計算位置
)
```

access_patternプラグマを指定したコンパイル結果はリスト5-9のようになりました。プラグマを指定せずにデフォルトでコンパイルした時より使用している回路が随分と増えています。特に注目すべきところはBRAMが使用されるようになったところです。これはFPGA化した関数が処理のためにデータをFPGAのメモリに貯めこむことを意味しています。

リスト5-9：ケース1のFPGA使用率

```
* Summary:
+-----------------+---------+-------+--------+-------+
|       Name      | BRAM_18K| DSP48E|   FF   |  LUT  |
+-----------------+---------+-------+--------+-------+
|DSP              |        -|      -|       -|      -|
|Expression       |        -|      -|       0|    862|
|FIFO             |        -|      -|       -|      -|
|Instance         |        8|     18|    2399|   3778|
```

```
|Memory            |        -|      -|       -|      -|
|Multiplexer       |        -|      -|       -|    302|
|Register          |        -|      -|    1050|      -|
+-----------------+---------+-------+--------+-------+
|Total             |        8|     18|    3449|   4942|
+-----------------+---------+-------+--------+-------+
|Available         |      280|    220|  106400|  53200|
+-----------------+---------+-------+--------+-------+
|Utilization (%)   |        2|      8|       3|      9|
+-----------------+---------+-------+--------+-------+
```

そして、「Performance」「Resouces」も確認するとレイテンシが19から26に増えています。

さて、コンパイル自体は正常に行えたので実行プログラムなどをSDカードにコピーして評価ボード上で実行するとリスト5-10のように「ERROR: No virtual to physical mapping found; Make sure all arrays passed to thec」が発生します。このエラーは論理アドレスでDMA転送を行おうとした場合に発生します。今回のケースではプラグマによってfilterやinput_dataの配列がsds_allocに置き換わっていないことを示しています。zero_copy プラグマを使用するときはソフトウェア側のメモリ領域をDMA可能な連続した領域に確保する必要があります。sds_allocはmallocと違いDMA可能な連続したメモリ領域を確保します。エラーメッセージからどの配列のアクセスに対して発生しているメッセージなのか表示されませんのでソースコードを確認して対処していくしかありません。

リスト5-10：評価ボードで実行時のエラー内容

```
root@plnx_arm:/mnt# ./CNN_Test2.elf
CNN - Start
Mode: Test
List File: list_test.txt
Num of Input Data: 20
File: img/Abyssinian_150.bmp(1)
ERROR: No virtual to physical mapping found; Make sure all arrays
passed to thec
ERROR: No virtual to physical mapping found; Make sure all arrays
passed to thec
ERROR: application performed illegal memory access and is being
terminated
```

filterとinput_dataのメモリ領域の確保を行っているのはCNNLayerInit関数であり、この関数までさかのぼり、この関数内のfilterとinput_dataになる配列の領域確保をリスト5-11のようにmallocからsds_allocに変更し、sds_allocで連続したメモリ領域を確保するように変更します。sds_allocで確保できるメモリ領域は予めサイズが決まっているため過度にメモリを確保しないようにしましょう。

リスト5-11：mallocからsds_allocに修正

```
  // CNN Layer 0の設定
  cnn_layer_image[0].filter      = (double
*)sds_alloc(sizeof(double) *
                              CNN_LAYER0_FILTER_SIZE *
                              CNN_LAYER0_FILTER_SIZE *
                              CNN_LAYER0_FILTER_NUM);
  cnn_layer_image[0].input_data   = (double
*)sds_alloc(sizeof(double) *
                              cnn_layer_image[0].input_width *
                              cnn_layer_image[0].input_height *
                              cnn_layer_image[0].input_depth );
  cnn_layer_image[0].pool_out    = (double
*)sds_alloc(sizeof(double) *
                              cnn_layer_image[0].pool_width *
                              cnn_layer_image[0].pool_height *
                              cnn_layer_image[0].pool_depth);
```

また、プログラム終了時のメモリ解放もfreeからsds_freeに変更します。

リスト5-12：freeからsds_freeに修正

```
void FreeCNNLayerImage(
  CNNLayerImage * cnn_layer_image
)
{
  int i;

  for(i = 0; i < CNN_LAYER_NUM; ++i){
   sds_free(cnn_layer_image[i].filter);
   sds_free(cnn_layer_image[i].conv_out);
   sds_free(cnn_layer_image[i].pool_out);
  }
  sds_free(cnn_layer_image[0].input_data);
  free(cnn_layer_image);
}
```

再び、ビルドして評価ボードで動作確認をします。一度、ビルドしてここで再ビルドした時にコンパイル時間がかなり短く感じたと思います。これはsds_alloc関数への修正がFPGA化の関数のソースコードに関係がなかったため、ソフトウェア側のコンパイルだけで新しいアプリケーションをコンパイルしました。では、生成されたアプリケーションをSDカードにコピーして実行してみましょう。結果はリスト5-13のようになります。

リスト5-13：ケース１の実行結果

```
root@avnet-digilent-zedboard-2017_2:/mnt# ./CNN_Test2.elf
CNN - Start
Mode: Test
List File: list_test.txt
Num of Input Data: 20
File: img/Abyssinian_150.bmp(1)
[Answer] 0.973754
File: img/Abyssinian_151.bmp(1)
[Answer] 0.999902
...繰り返し
File: img/shiba_inu_158.bmp(0)
[Answer] 0.638702
File: img/shiba_inu_159.bmp(0)
[Answer] 0.180121
UsageTIme: 243.000[ms]
root@avnet-digilent-zedboard-2017_2:/mnt#
```

実行時間がケース１よりも約1/10倍になり、演算データのDMA化によって処理速度が10倍向上しました。しかし、この状態ではまだソフトウェアのみで実行した時よりを約200ms遅い結果となっています。つまり、CalcConvolution関数だけをFPGA化することによる処理性能的なメリットは全く無いと言えます。

pragmaでsds_allocを指定する

FPGA化した関数を実行する関数内でmallocを実行している場合はmem_attributeプラグマを使用することによりソースコード上でmallocを使用していても、コンパイル時にsds_allocに自動で置き換えることが可能です。ただし、本ソースコードのように上位の関数でmallocをしている場合は有効化されませんので注意してください。

リスト5-14：mem_attribute適用例

```
#pragma SDS data mem_attribute(filter:PHYSICAL_CONTIGUOUS)
#pragma SDS data mem_attribute(input_data:PHYSICAL_CONTIGUOUS)
double CalcConvolution(
  double filter[5*5*8],     // フィルタ
  int filter_size,   // フィルタのサイズ
  double input_data[60*60*3], // 入力データ
```

```
  int input_width,    // 入力データの幅
  int input_height,   // 入力データの高さ
  int input_depth,    // 入力データの深さ
  int x, int y       // フィルタの計算位置
)
```

```
#pragma SDS data mem_attribute(ArrayName:contiguity)
```

mem_attibuteにはPHYSICAL_CONTIGUOUSかNON_PHYSICAL_CONTIGUOUSを指定します。デフォルトはNON_PHYSICAL_CONTIGUOUSとなります。

表5-4：mem_attributeの設定値

設定値	概要
PHYSICAL_CONTIGUOUS	メモリ領域をsds_allocで確保
NON_PHYSICAL_CONTIGUOUS	メモリ領域をmallocで確保

ケース3：FPGA化する階層を１つ上げる

CalcConvolution関数をFPGA化してもSynthesisのsummaryを見るとFPGAに余裕があることがわかりました。そこで次にCalcCovolution関数の上位関数であるConvolution関数をFPGA化の対象とするようにソースコードを修正し、ソフトウェアレベルで正常にコンパイルすることができることを確認して、FPGA化を実施しましょう。

リスト5-15：Convolution関数（cnn.c）

```
int Convolution
(
  double *filter,     // フィルタ
  int filter_size,    // フィルタのサイズ
  double *input_data, // 入力データ
  int input_width,    // 入力データの幅
  int input_height,   // 入力データの高さ
  int input_depth,    // 入力データの深さ
  double *conv_out    // 畳み込み結果
)
```

図5-9：FPGA化する関数の指定

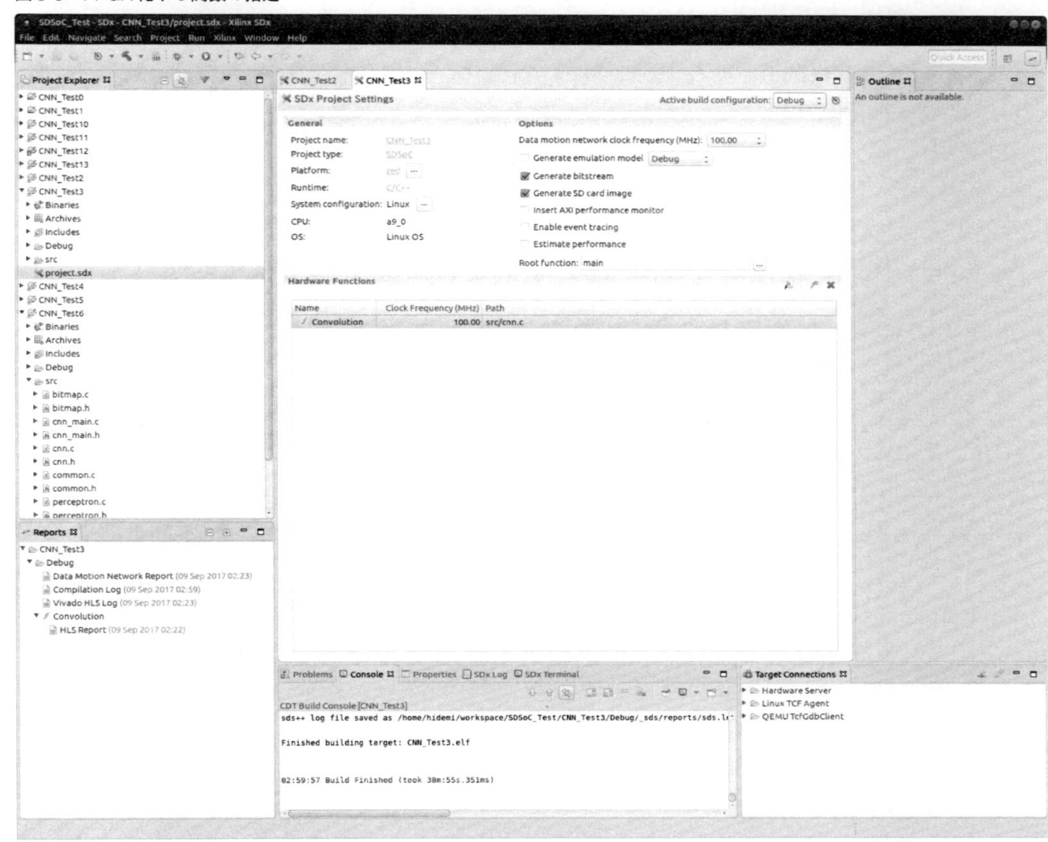

上位階層であるConvolution関数に対してもpragmaを指定して、コンパイルを行ってみましょう。（リスト5-16）

リスト5-16：Convolution関数のFPGA化対応

```
#pragma SDS data access_pattern(filter:SEQUENTIAL)
#pragma SDS data access_pattern(input_data:SEQUENTIAL)
#pragma SDS data access_pattern(conv_out:SEQUENTIAL)
#pragma SDS data zero_copy(filter[0:5*5*8-1])
#pragma SDS data zero_copy(input_data[0:60*60*3-1])
#pragma SDS data zero_copy(conv_out[0:56*56-1])
#pragma SDS data mem_attribute(filter:PHYSICAL_CONTIGUOUS)
#pragma SDS data mem_attribute(input_data:PHYSICAL_CONTIGUOUS)
#pragma SDS data mem_attribute(conv_out:PHYSICAL_CONTIGUOUS)
int Convolution
(
  double *filter,     // フィルタ
  int filter_size,    // フィルタのサイズ
```

```
  double *input_data, // 入力データ
  int input_width,   // 入力データの幅
  int input_height,   // 入力データの高さ
  int input_depth,   // 入力データの深さ
  double *conv_out   // 畳み込み結果
)
```

conv_outの深さは表5-5のように56*56であるために、プラグマでの指定もそのようにします。

表5-5：各配列の深さ

	レイヤ0	レイヤ1	レイヤ2
filter	5×5×2	5×5×4	5×5×8
input_data	６０×６０×３	２８×２８×２	１２×１２×４
pool_out	56 × 56	24 × 24	8 × 8

また、conv_outのメモリ確保もsds_allocへソースコードを修正し、FPGA化対象もConvolution関数に変更してSDSoCでコンパイルするとFPGAの使用率がリスト5-17のようになります。

リスト5-17：ケース3のFPGA使用率

```
* Summary:
+-----------------+---------+-------+--------+-------+
|       Name      | BRAM_18K| DSP48E|   FF   |  LUT  |
+-----------------+---------+-------+--------+-------+
|DSP              |        -|      -|       -|      -|
|Expression       |        -|      -|       0|    417|
|FIFO             |        -|      -|       -|      -|
|Instance         |       12|     22|    4180|   5758|
|Memory           |        -|      -|       -|      -|
|Multiplexer      |        -|      -|       -|    161|
|Register         |        -|      -|     547|      -|
+-----------------+---------+-------+--------+-------+
|Total            |       12|     22|    4727|   6336|
+-----------------+---------+-------+--------+-------+
|Available        |      280|    220|  106400|  53200|
+-----------------+---------+-------+--------+-------+
|Utilization (%)  |        4|     10|       4|     11|
+-----------------+---------+-------+--------+-------+
```

ケース２よりもBRAMの使用数が増え、FPGA化の対象範囲を大きくしていくところでFPGAの使用率も徐々に増えていっています。このように確認しながらFPGA化のコンパイルを進め

るとスムーズに開発を行うことができます。コンパイルが完了したらSDカードにコピーして評価ボードで確認しましょう。

リスト5-18：ケース３の実行結果

```
root@avnet-digilent-zedboard-2017_2:/mnt# ./CNN_Test3.elf
CNN - Start
Mode: Test
List File: list_test.txt
Num of Input Data: 20
File: img/Abyssinian_150.bmp(1)
[Answer] 0.973754
File: img/Abyssinian_151.bmp(1)
[Answer] 0.999902
...繰り返し
File: img/shiba_inu_158.bmp(0)
[Answer] 0.638702
File: img/shiba_inu_159.bmp(0)
[Answer] 0.180121
UsageTIme: 173.000[ms]
root@avnet-digilent-zedboard-2017_2:/mnt#
```

実行結果はリスト5-18のようになりケース２よりも約70ms速くなりました。しかし、Convolution関数のFPGA化でもまだまだソフトウェアのみの実行処理を上回ることはできません。

ケース４：２つの関数をFPGA化

前項までは１つの関数のFPGA化を実施しました。SDSoCでは２つ以上の関数をFPGA化することが可能になっています。そこでConvolition関数の次に実行されているPooling関数もFPGA化の対象として、２つの関数をFPGA化にしましょう。Pooling関数も配列部分を修正し、プラグマで配列のアクセス方法と深さを指定します（リスト5-19)。pool_out配列のメモリ確保もsds_allocに修正します。

リスト5-19：Pooling関数のFPGA化対応

```
#pragma SDS data access_pattern(conv_out:SEQUENTIAL)
#pragma SDS data access_pattern(pool_out:SEQUENTIAL)
#pragma SDS data zero_copy(conv_out[0:56*56-1])
#pragma SDS data zero_copy(pool_out[0:28*28-1])
#pragma SDS data mem_attribute(conv_out:PHYSICAL_CONTIGUOUS)
#pragma SDS data mem_attribute(pool_out:PHYSICAL_CONTIGUOUS)
```

```
void Pooling(
  double conv_out[], // 畳み込みデータの入力
  int conv_width,    // 畳み込みデータの幅
  int conv_height,   // 畳み込みデータの高さ
  double pool_out[], // プーリング出力
  int pool_size      // プーリングのサイズ
)
```

図 5-10：2つの関数を FPGA 化に指定

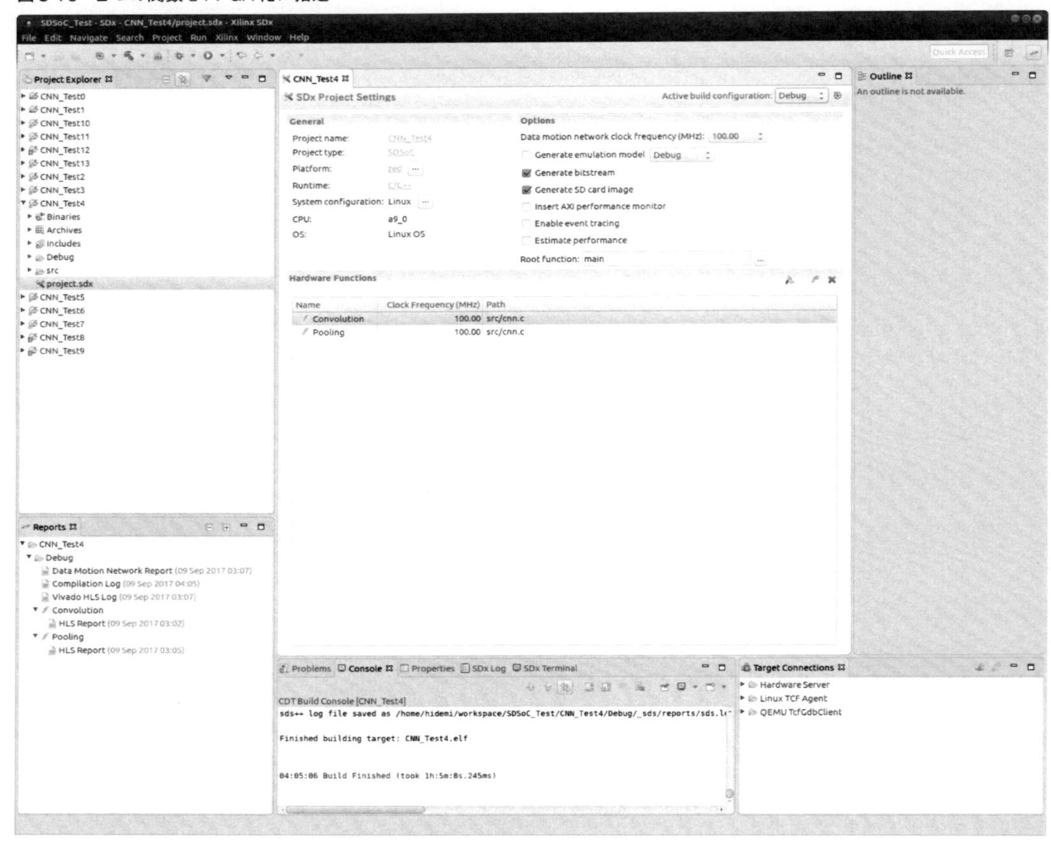

修正後、ビルドすると合成結果はそれぞれ、関数毎に表示されます。

図5-11：関数単位でのFPGA使用率

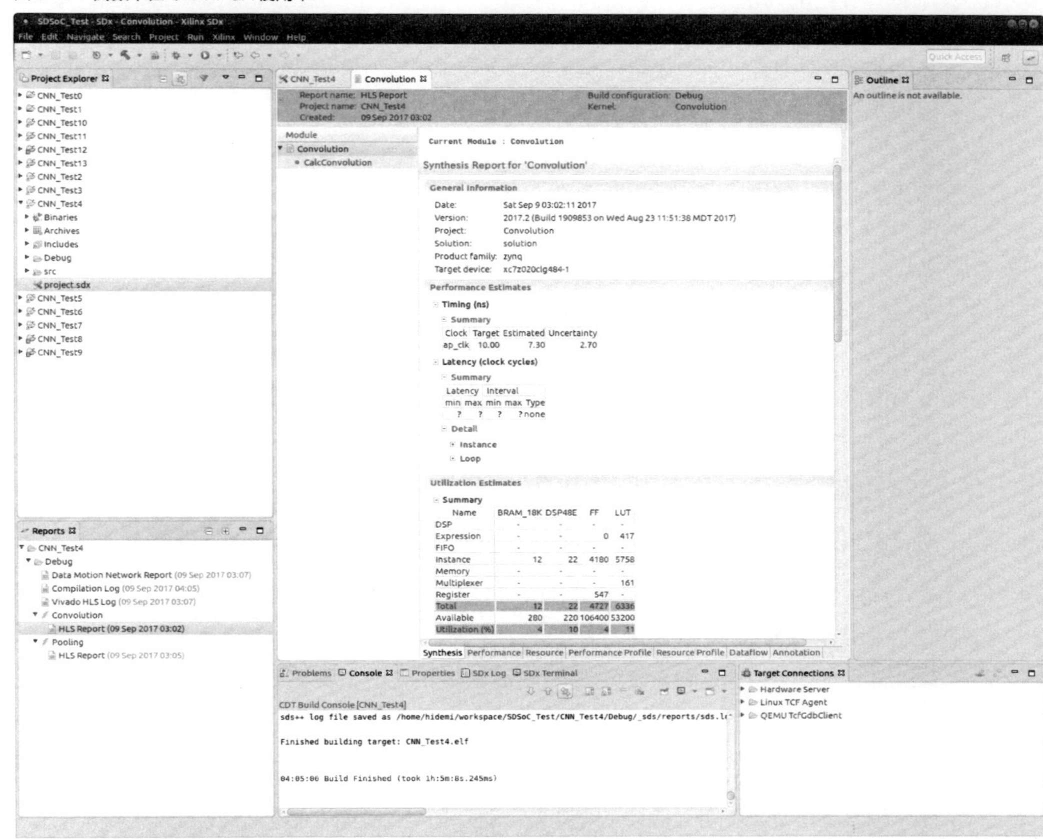

関数が2つになるとテキスト形式のレポートには結果が反映されなくなるのでこの場合は図5-11のようにGUIで使用率などを確認しましょう。さて、生成されたアプリケーションの評価ボードで実行結果はリスト5-20のようになります。

リスト5-20：ケース4の実行結果

```
root@avnet-digilent-zedboard-2017_2:/mnt# ./CNN_Test4.elf
CNN - Start
Mode: Test
List File: list_test.txt
Num of Input Data: 20
File: img/Abyssinian_150.bmp(1)
[Answer] 0.973754
File: img/Abyssinian_151.bmp(1)
[Answer] 0.999902
File: img/Abyssinian_152.bmp(1)
[Answer] 0.999558
....繰り返し
```

```
File: img/shiba_inu_158.bmp(0)
[Answer] 0.638702
File: img/shiba_inu_159.bmp(0)
[Answer] 0.180121
UsageTIme: 175.500[ms]
root@avnet-digilent-zedboard-2017_2:/mnt#
```

処理時間はケース３のときとさほど変わらない結果となりました。結果は残念ながらソフトウェアで実行した時の方が速く処理できる結果となりました。SummaryのFPGAの使用率からConvolution関数とPooling関数の上位関数でもFPGA化が可能な気配があるので次はConvolution関数の上位関数であるCNNLayer関数のFPGA化を実施します。

ケース５：上位関数CNNLayerを対象

前項でのConvolution関数とPooling関数はCNNLayer関数をFPGA化しているのとほぼ、同等に思えますが若干、アクセス方法が違うようにみえます。図5-12のようにConvolution関数とPooling関数を連結されて実行されるようになります。

図5-12：FPGA化した関数へのアクセスイメージ

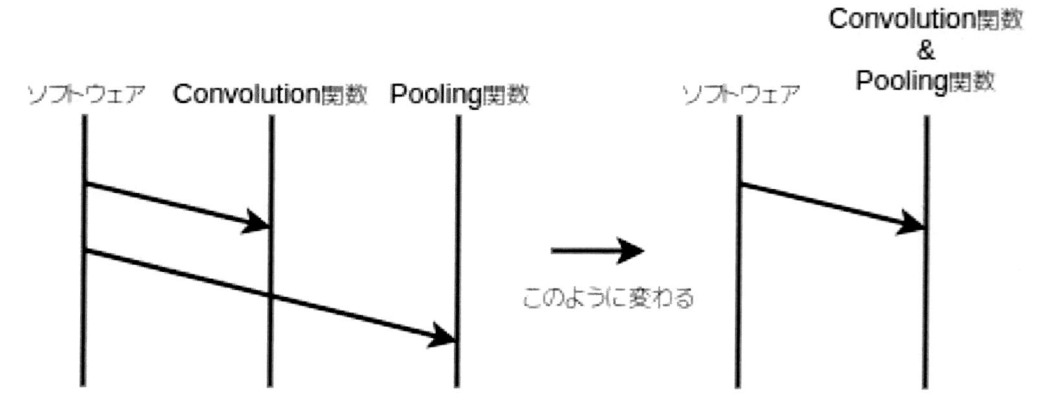

リスト5-21：CNNlayer関数のFPGA化対応

```
#pragma SDS data access_pattern(filter:SEQUENTIAL)
#pragma SDS data access_pattern(input_data:SEQUENTIAL)
#pragma SDS data access_pattern(conv_out:SEQUENTIAL)
#pragma SDS data access_pattern(pool_out:SEQUENTIAL)
#pragma SDS data zero_copy(filter[0:5*5*8-1])
#pragma SDS data zero_copy(input_data[0:60*60*3-1])
#pragma SDS data zero_copy(conv_out[0:56*56-1])
#pragma SDS data zero_copy(pool_out[0:28*28*2-1])
```

```
#pragma SDS data mem_attribute(filter:PHYSICAL_CONTIGUOUS)
#pragma SDS data mem_attribute(input_data:PHYSICAL_CONTIGUOUS)
#pragma SDS data mem_attribute(conv_out:PHYSICAL_CONTIGUOUS)
#pragma SDS data mem_attribute(pool_out:PHYSICAL_CONTIGUOUS)
int CNNLayer(
  double *filter,      // フィルタ
  int filter_num,      // フィルタの数
  int filter_size,     // フィルタのサイズ
  double *input_data, // 入力データ
  int input_width,     // 入力データの幅
  int input_height,    // 入力データの高さ
  int input_depth,     // 入力データの深さ
  double *conv_out,    // 畳み込み結果
  int conv_width,      // 畳み込みデータの幅
  int conv_height,     // 畳み込みデータの高さ
  double *pool_out,    // プーリング出力
  int pool_width,      // プーリング後の幅
  int pool_height,     // プーリング後の高さ
  int pool_size       // プーリングのサイズ
)
```

コンパイル結果はリスト5-22のようになります。

リスト5-22：ケース5のFPGA使用率

```
* Summary:
+-----------------+---------+-------+--------+-------+
|       Name      | BRAM_18K| DSP48E|   FF   |  LUT  |
+-----------------+---------+-------+--------+-------+
|DSP              |        -|      -|       -|      -|
|Expression       |        -|      -|       0|    142|
|FIFO             |        -|      -|       -|      -|
|Instance         |       16|     42|    7865|   9393|
|Memory           |        -|      -|       -|      -|
|Multiplexer      |        -|      -|       -|    168|
|Register         |        -|      -|     377|      -|
+-----------------+---------+-------+--------+-------+
|Total            |       16|     42|    8242|   9703|
+-----------------+---------+-------+--------+-------+
|Available        |      280|    220|  106400|  53200|
+-----------------+---------+-------+--------+-------+
|Utilization (%)  |        5|     19|       7|     18|
+-----------------+---------+-------+--------+-------+
```

コンパイル結果ではFPGA化の範囲が大きくなってきているので随分とFPGAを使用するようになってきました。CNNLayer関数をFPGA化してビルド後、評価ボードで確認するとリスト5-23の結果になりました。

リスト5-23：ケース5の実行結果

```
root@avnet-digilent-zedboard-2017_2:/mnt# ./CNN_Test5.elf
CNN - Start
Mode: Test
List File: list_test.txt
Num of Input Data: 20
File: img/Abyssinian_150.bmp(1)
[Answer] 0.991212
File: img/Abyssinian_151.bmp(1)
[Answer] 0.708370
....繰り返し
File: img/shiba_inu_158.bmp(0)
[Answer] 0.002782
File: img/shiba_inu_159.bmp(0)
[Answer] 0.684018
UsageTIme: 171.000[ms]
root@avnet-digilent-zedboard-2017_2:/mnt#
```

結果は残念ながら変わりませんでした。これはConvolution関数とPooling関数の２つに分けたFPGA化とCNNLayer関数でまとめてFPGA化を行ってもスループットが一緒であることを意味しています。

つまり、これ以上の性能改善はCNNLayer関数内の高位合成のチューニング又はもっと、上位関数も含めたFPGAに合成しやすい抜本的なソースコードの改修が必要になります。次章では高位合成のチューニングを行っていきます。

第六章　ハードウェア・プログラミング（チューニング編）

前章ではソフトウェアの関数をFPGA化することは確認できましたがソフトウェアのみの場合と比べて性能を向上することはできませんでした。前章のように実際にFPGA化してみると感じることができますがSDSoCや高位合成を使用して単純にFPGAで処理するだけではCPUでの処理を超える性能をだすのは難しく、SDSoC（高位合成）は夢のツールでもFPGAは夢のデバイスでもありません。性能を出すためにはいろいろ試しながらチューニングを行ってどのようなケースが一番適しているのか試行錯誤する必要があります。

アルゴリズムの把握

本ソースコードは確認すると非常に多くのforループの処理で構成されていることが分かります。機械学習、Deep Learningのアルゴリズムは基本的に繰り返し演算の構成になります。各処理で演算するメモリ量、ループ回数など把握してプラグマなどの適用を進めていきます。この進め方がSDSoCでのFPGA化の基本的な開発手法になります。

FPGA化関数のトレース

前章ではCNNLayer関数をFPGA化するところまで進めました。性能を向上させるためにFPGAでどのように実行されるかトレース機能でFPGA化した関数の流れを確認しながら性能向上の施策を組み立てることが性能向上の秘訣になってきます。

FPGA化した関数のトレースを有効にするには「SDx Project Settings」の「Enable event tracing」にチェックを付けて、再ビルドを行います。FPGA化した関数のトレースにはトレース用の専用回路が挿入されるため、FPGAの使用量が増大します。FPGAの空き容量に十分、注意しながらトレースを実施するようにしてください。本例ではConvolution関数をトレースする手順を解説します。

図6-1:トレースの設定

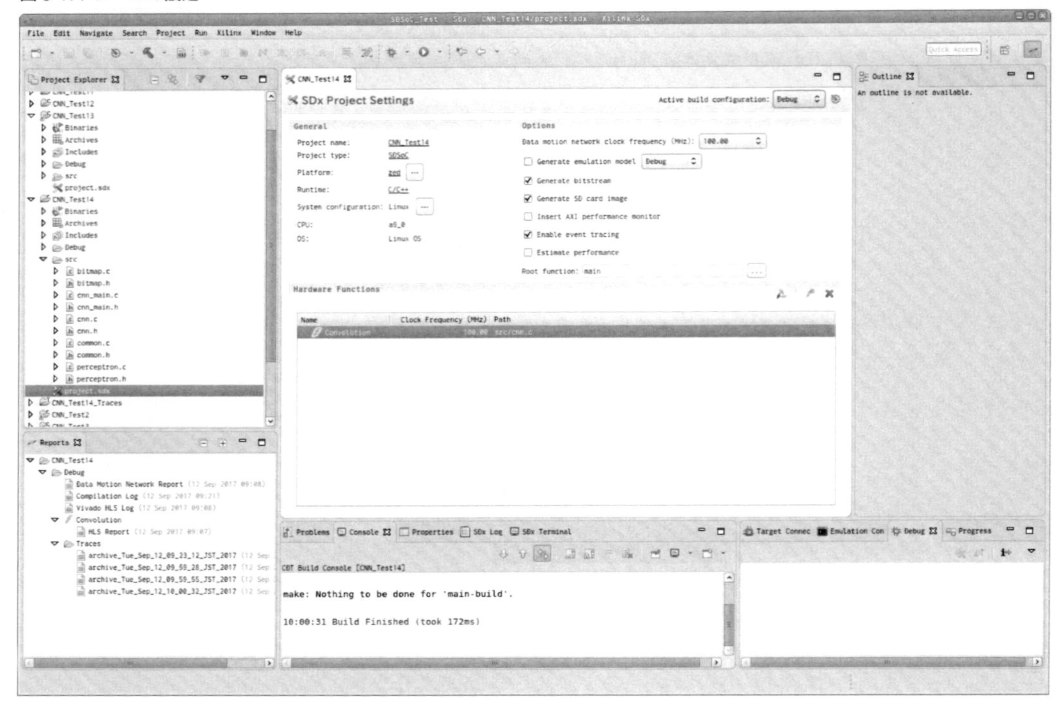

FPGA化した関数のトレースはJTAGを使用してトレースデータを取得するため、図6-2のように評価ボードとJTAGを接続するUSBケーブルを追加します。

図6-2:評価ボードとPC間でJTAG接続

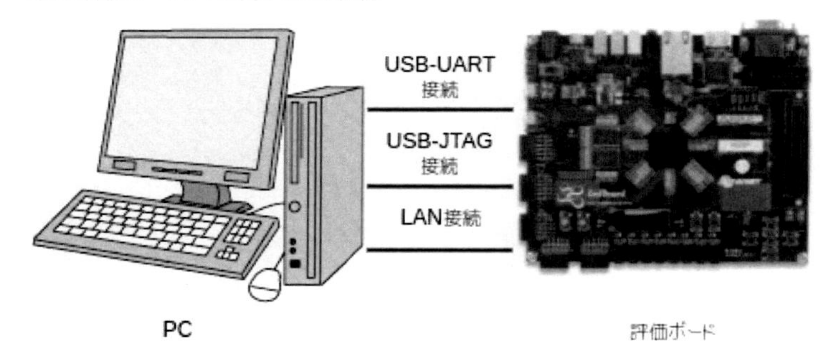

再ビルドの完了後、SDカードイメージをSDカードにコピーして評価ボードを再起動します。トレースの実行は評価ボードの再起動後、図6-3のようにSDSoCのプロジェクトで右クリックして、「Debug As」→「Trace Application」を実行します。

図6-3:Trace Applicationの実行

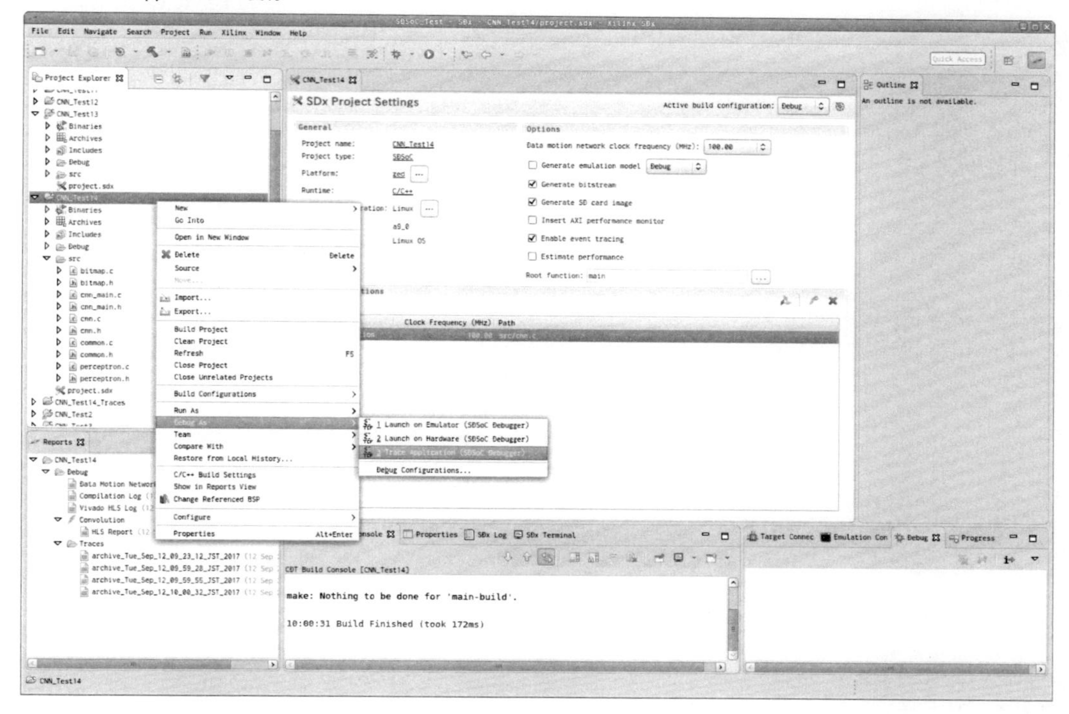

トレースの初回実行時はデバッグの対象がPCになっているため、正常に実行されません[1]。初回実行時のみ、実行後に終了し、プロジェクトを右クリックして「Debug As」→「Configuration」を選択すると図6-4のように「Trace Using プロジェクト名」が追加されています。「Trace Using プロジェクト名」を選択して図6-5のように「Connection」の「New」ボタンをクリックして評価ボードの名称（図6-5ではZedBoard）とIPアドレス（図6-5では192.168.1.5）を設定します。そして、再度、トレースを実行するためにSDSoCのプロジェクトで右クリックして、「Debug As」→「Trace Application」を実行します。

図6-4:Create, manage, and run configuration

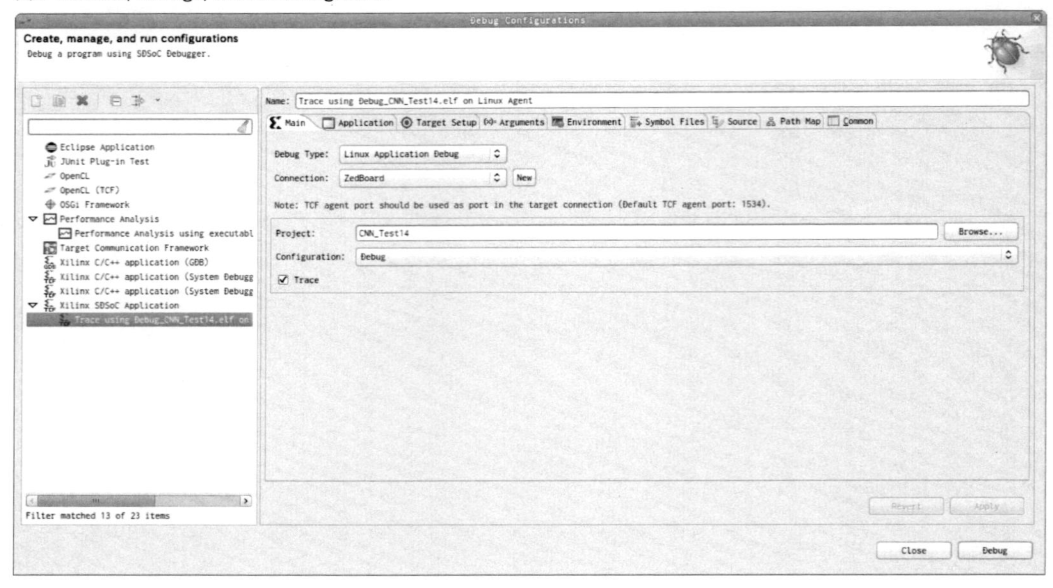

図6-5:Net Target Connectionダイアログ

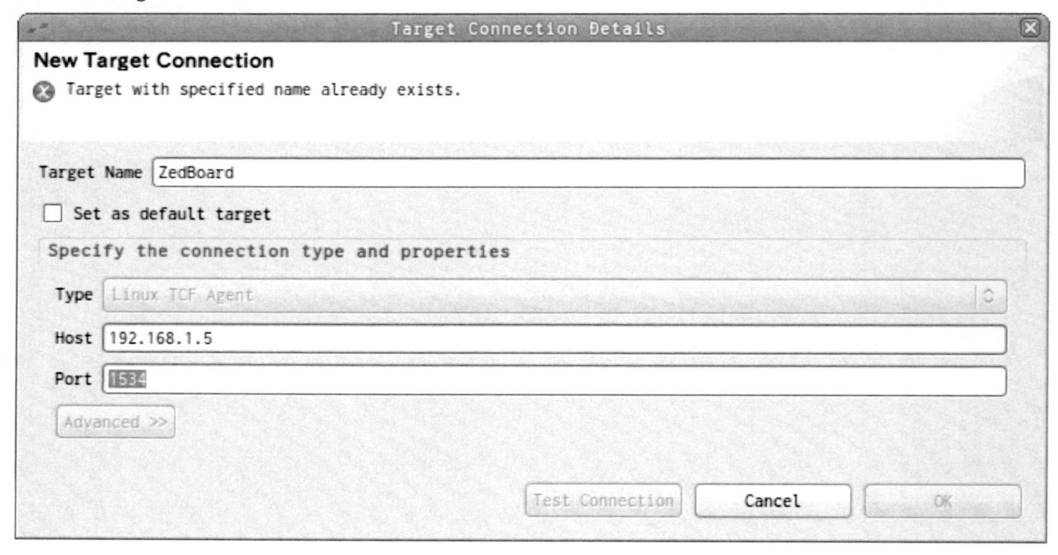

トレースを実行するとSDSoCが評価ボードにアクセスしてアプリケーションを実行します。この時、アプリケーションの実行と同時にFPGA化した関数のトレース情報を取得します。アプリケーションの実行後、取得したトレース情報を図6-6のように可視化して表示します。

この時、注意しなければいけないのはトレース情報の取得にはアプリケーションが完了しなければいけません。つまり、while(1)などのように永久ループするようなアプリケーションは永久にトレース情報を取得し続けるのでトレースを行う場合はアプリケーションが完了できるように修正を行ってください。

図6-6:Convolution関数のトレース結果

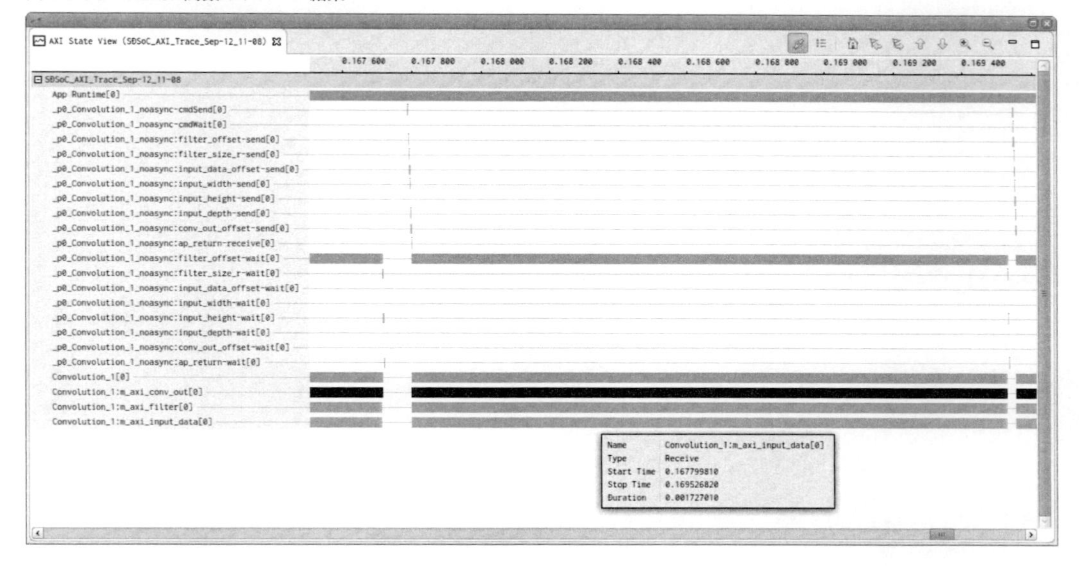

図6-6は1枚の画像をCNNした時のトレース情報を示しています。トレース情報の左側の一覧はFPGA化された関数の信号になります。このうち、「_p0_Convolution_1_nosync:」で始まる信号はアプリケーションから設定される又は参照されるレジスタになります。下側にある4つの「Convolution_1:」で始まる信号は共有メモリとアクセスするデータになります。トレース情報の右側にトレース状態が色分けで表示され、オレンジはアプリケーションの実行タイミング、緑はFPGA化した関数の実行中のタイミング、青はデータをFPGAから見て出力タイミング、水色はデータをFPGAから見て入力タイミングを示しています。トレース情報の上段にタイムスケールがあり実行された時間を見ることができます。

図6-6を見ると緑のFPGA化された関数の実行タイミングのうち、ほぼ水色と青になっているので1枚の画像をCNN処理するのに非常に長い時間データ転送を行っていることが分かります。

「+」又は「−」のボタンをクリックするか Ctrl を押しながらマウスのホイールを回すとトレース情報を拡大縮小することができます。図6-7はトレース情報の先頭を拡大したものになります。アプリケーションでFPGA化した関数を呼び出すときは基本的にFPGA化した関数の設定から始まり、データ転送を行い処理が実行されます。図6-7も同じようにFPGA化したConvolution関数を呼び出した時にアプリケーションからFPGA化した関数で実行に必要なデータを設定していることを見ることができます。トレース情報を確認するとこのFPGA化する関数の設定時間はConvolution関数の中でも非常に短い時間であることがわかります。

図6-7:Convolution関数のトレース（関数開始時）

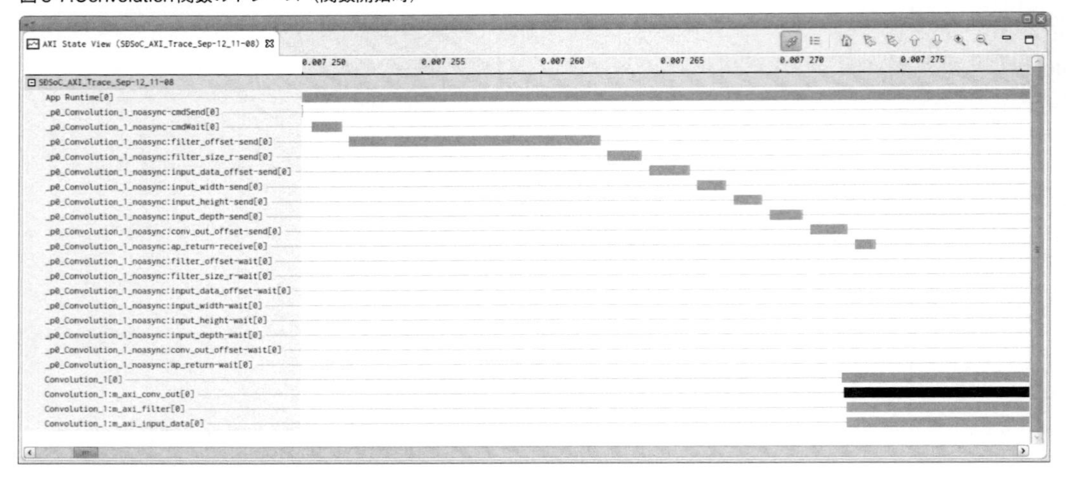

本例でのConvolution関数はCNNレイヤが3レイヤになっており、レイヤ0が2回、レイヤ1が4回、レイヤ2が8回実行されます。図6-6はレイヤ0の1回分のトレース情報を拡大しています。図6-6の両端で緑のFPGA化した関数の実行タイミングが少し途切れていますがこれがレイヤ0の1回分の実行時間になります。トレース情報の色が付いている部分にマウスカーソルを乗せるとその配列（レジスタ）が連続で読み書きまたはデータアクセスを行っている時間情報を表示することができます（単位は秒）。図6-6の場合、レイヤ0のデータアクセス時間は65.4msと確認することができました。

図6-8:CNNレイヤ0の実行状況

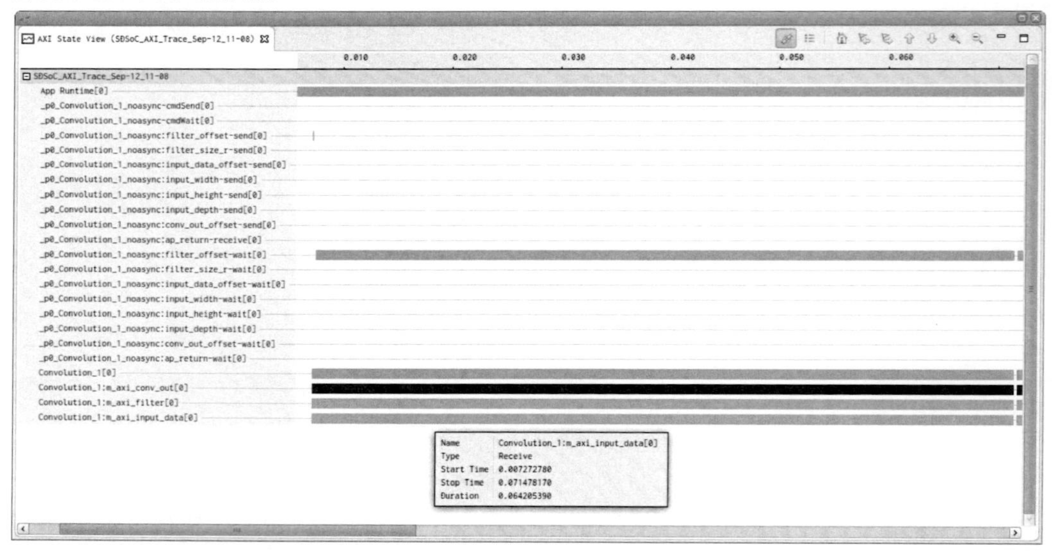

図6-9はレイヤ1の1回分のアクセスタイミングを拡大したものになります。レイヤ0と同じ

ようにトレース情報のところにマウスカーソルをあわせてデータアクセス時間を見ると、7.1msであることが分かります。

図6-9:CNNレイヤ1の実行状況

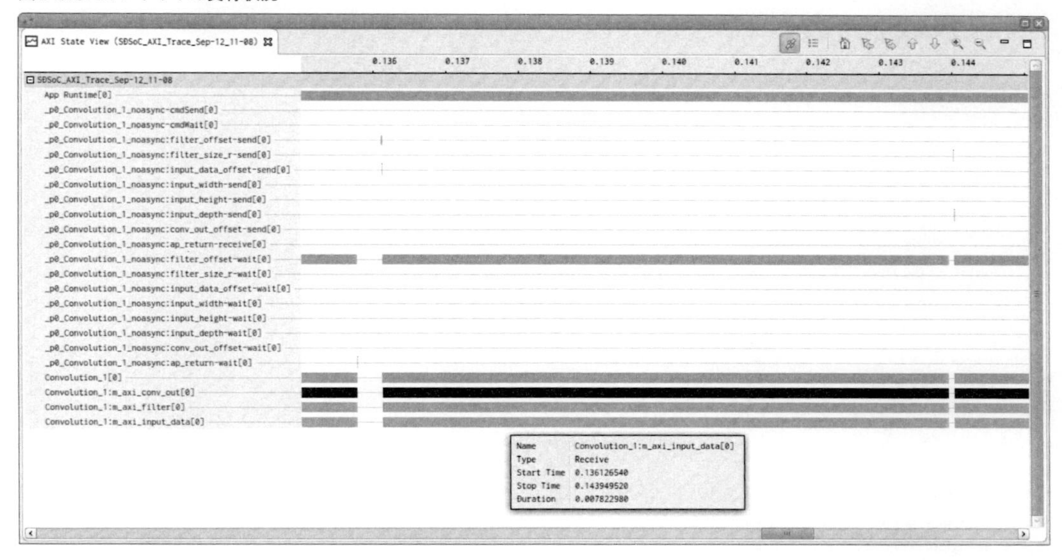

図6-10はレイヤ2の1回分のアクセスタイミングを拡大しています。レイヤ0やレイヤ1と同じようにデータアクセス時間を見ると1.7msとなっています。

図6-10:CNNレイヤ2の実行状況

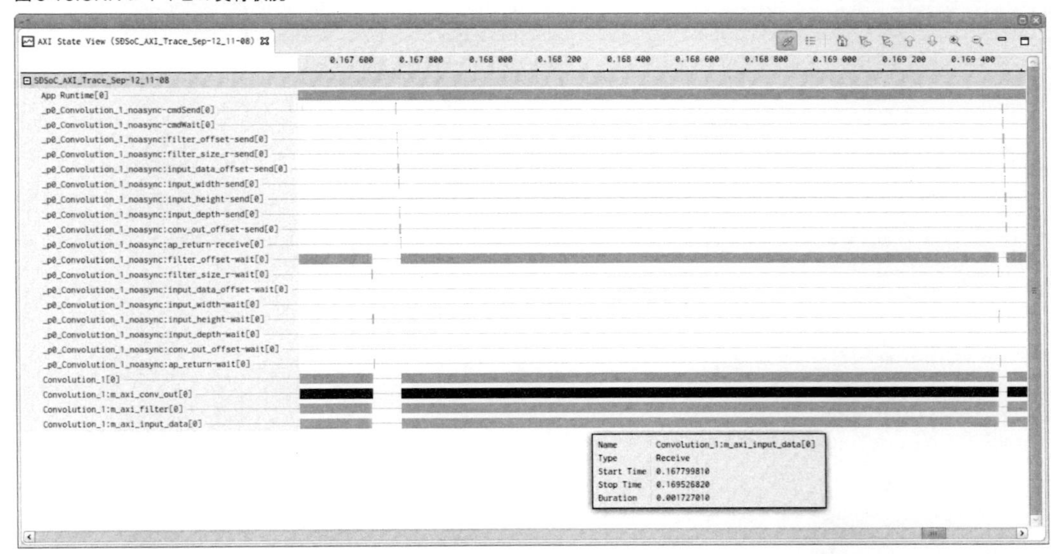

図6-11は1枚の画像をCNN処理する最後の部分を拡大しています。ここでは最後のデータアクセス後、トレース時間の空白の時間が発生しているように見えますが、空白の部分は最後の

Convolution関数後、アプリケーションで実行されるPooling関数以降の時間が現れています。

図6-11:Convlution関数のトレース（関数終了時）

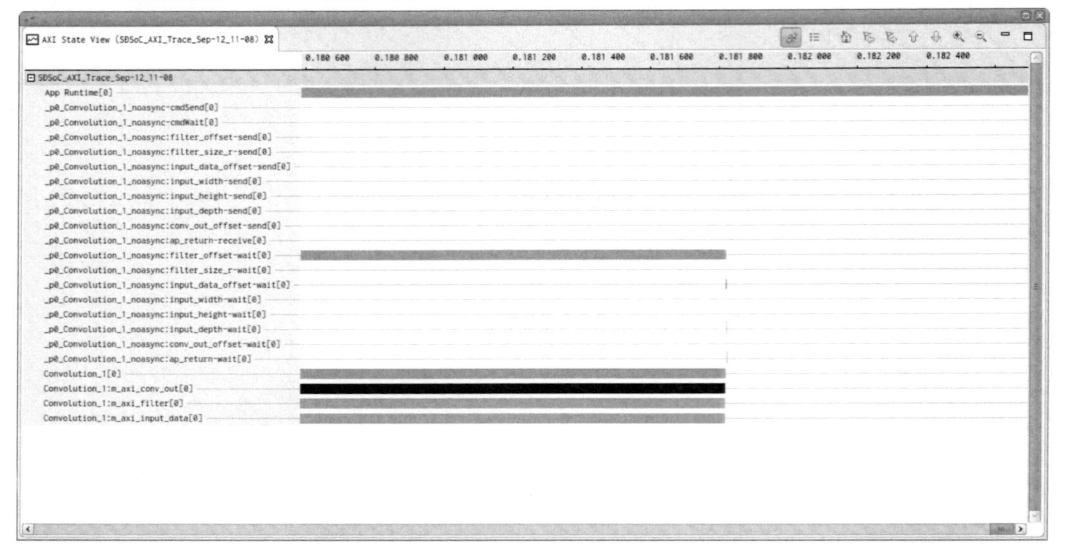

レイヤ0〜2までの結果を各レイヤのフィルタ回数でまとめると表6-1のようになります。

表6-1:レイヤごとの処理時間

レイヤ	1回あたりの処理時間	レイヤのフィルタ数	レイヤの処理時間
レイヤ0	65.4ms	2	約130ms
レイヤ1	7.1ms	4	約28ms
レイヤ2	1.7ms	8	約13ms

結果から確認するとConvolution関数が実行される合計時間だけで約170msになります。リスト6-1が本トレースでの実行結果になります。トレースの情報からConvolution関数の実行は約174msで、そのほとんどの時間の約170msはConvolution関数の実行時間に割かれていることがわかります。

リスト6-1:Convolution関数の実行結果

```
root@avnet-digilent-zedboard-2017_2:/mnt# ./CNN_Test10.elf
CNN - Start
Mode: Test
List File: /mnt/list_test.txt
Num of Input Data: 20
File: /mnt/img/Abyssinian_150.bmp(1)
[Answer] 0.973754
File: /mnt/img/Abyssinian_151.bmp(1)
```

```
[Answer] 0.999902
<<<処理の繰り返し>>>
[Answer] 0.006965
File: /mnt/img/shiba_inu_158.bmp(0)
[Answer] 0.638702
File: /mnt/img/shiba_inu_159.bmp(0)
[Answer] 0.180121
UsageTIme: 174.500[ms]
root@avnet-digilent-zedboard-2017_2:/mnt#
```

結果から性能向上にはConvolution関数の処理時間を見なおすことが処理向上のために必要であることがわかります。また、デバイスの空き容量を確認しながら、もっと、上位関数を含めたトレース情報を確認して性能向上の施策を練っていく必要があります。

データアクセスの修正

前項の結果からConvolution関数を改善するところからFPGA化の性能向上を試みます。Convolution関数をソースコードレベルで確認すると演算ごとにメモリからデータを取得して、演算を行って、メモリに書き戻すという処理を行っています。この処理はFPGAでの処理にとって、非常にデメリットに当たるケースになります。

FPGAで処理する場合はデータを一度、共有メモリからFPGA側に一括で移動して演算処理させることでFPGA化するメリットを受けやすくなります。そのために演算ごとにデータを取得するのではなく、演算前にデータをFPGAに取り込んでから演算を行えるようにリスト6-2のように一次バッファをソースコードに追加します。

リスト6-2:一次バッファを追加したConvolution関数

```
int Convolution
(
 double *filter,      // フィルタ
 int filter_size,     // フィルタのサイズ
 double *input_data,  // 入力データ
 int input_width,     // 入力データの幅
 int input_height,    // 入力データの高さ
 int input_depth,     // 入力データの深さ
 double *conv_out,     // 畳み込み結果
 int conv_width,
 int conv_height
)
{
 int x = 0;  // 繰り返し制御用
```

```
  int y = 0;  // 繰り返し制御用
  int start_point = filter_size / 2;  // 畳み込み範囲の下限値

  double buffer0[60*60*3];
  double buffer1[5*5];
  double buffer2[56*56];

// バッファの追加
#pragma HLS interface ap_memory port=buffer0
#pragma HLS interface ap_memory port=buffer1
  memcpy(buffer0, input_data,
sizeof(double)*input_width*input_height*input_depth);
  memcpy(buffer1, filter, sizeof(double)*filter_size*filter_size);

  for(y = 0; y < conv_height; ++y){
    for(x = 0; x < conv_width; ++x){
//        conv_out[y * conv_width + x] =
      buffer2[y * conv_width + x] =
      CalcConvolution(
          buffer1,  // filterから変更
          filter_size,
          buffer0,  // input_dataから変更
          input_width,
          input_height,
          input_depth,
          (x + start_point),
          (y + start_point)
        );
    }
  }

// バッファの追加
#pragma HLS interface ap_memory port=buffer2
 memcpy(conv_out, buffer2, sizeof(double)*conv_width*conv_height);

 return 0;
}
```

ソースコードの修正を行い、前項と同じようにトレース情報を取得すると1枚の画像の全体トレースが図6-12になります。図6-6と前項の図6-12を比較するとデータアクセスの部分（トレースの水色と青色）がほとんど見えなくなりました。これはメモリ転送が一度に行われるようになったことを指していて一次バッファを設けることでFPGA化した関数が共有メモリにア

クセス効率が上がったことを示しています。

図6-12:一次バッファを追加したConvolution関数のトレース（関数アクセス全体）

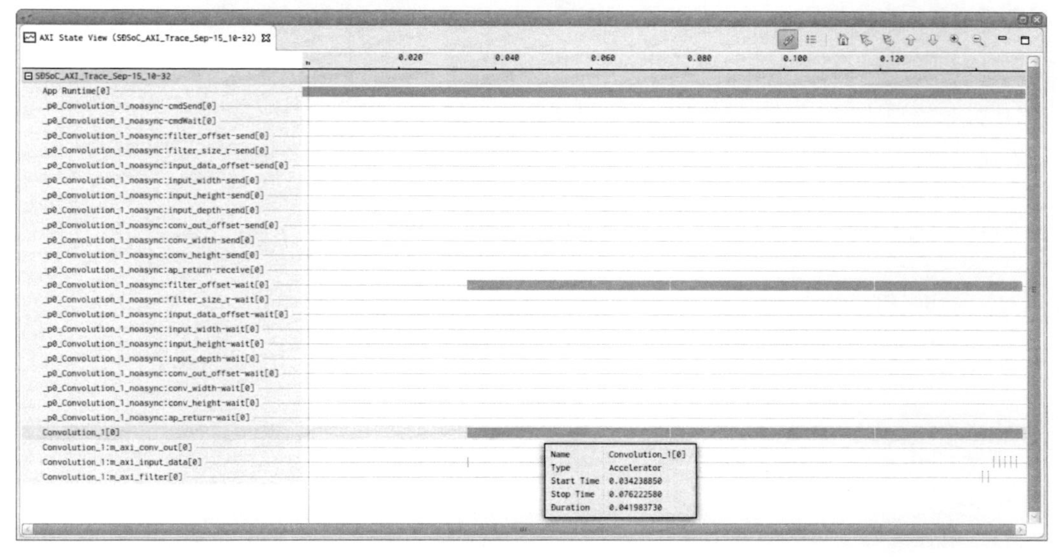

図6-13は一次バッファを追加した場合のFPGA化した関数の処理開始時点のトレース情報を拡大になります。このトレース情報を確認するとFPGA化した関数の開始時に関数の設定を行ってから、データ転送が行われていることがわかります。この処理時間を確認すると0.04msとなって、前項に比べて効率よくアクセスできていることがわかります。

図6-13:一次バッファを追加したConvolution関数のトレース（アクセス開始時）

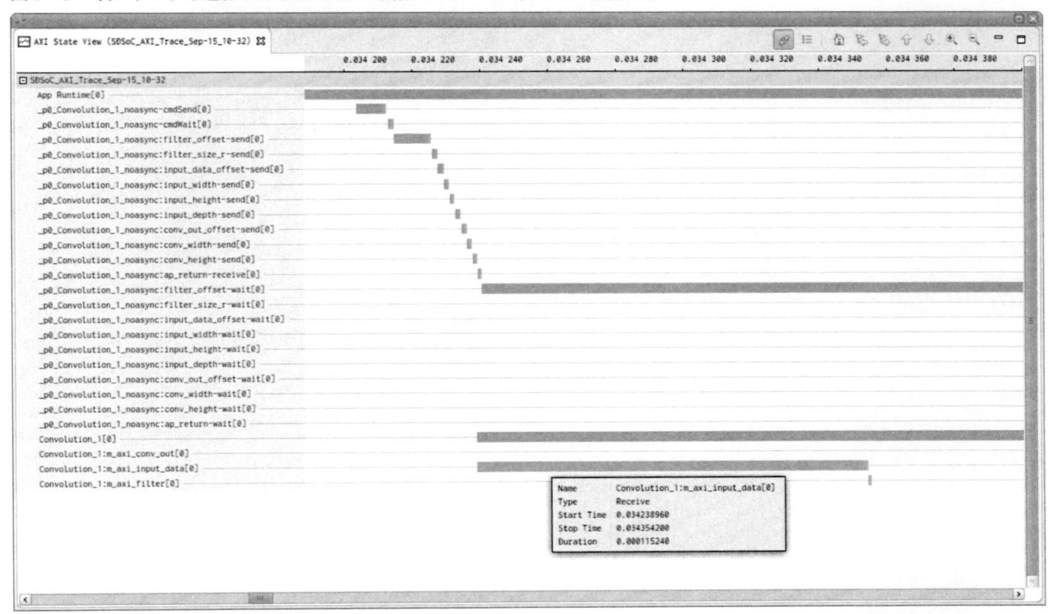

図6-14はConvolution関数の終了時のトレース情報を拡大したものになります。この部分を確認するとFPGA化した関数の実行後に共有メモリへの書き戻しが関数の最後に一括で行われ、データアクセスが効率よく行われるようになったことを見ることができます。

図6-14:一次バッファを追加したConvolution関数のトレース（関数終了時）

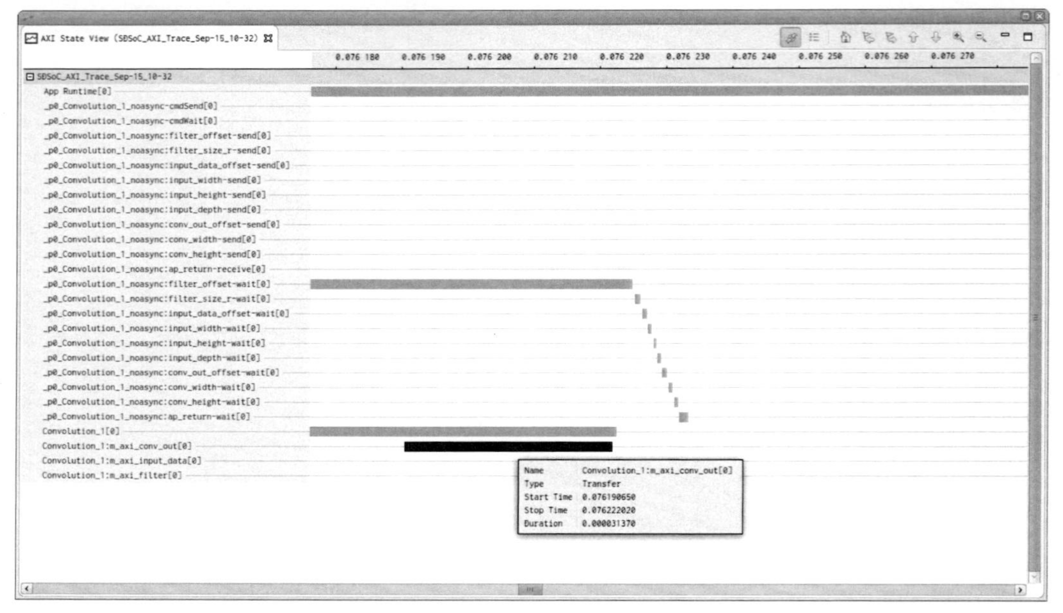

リスト6-3が実行結果になりますが、メモリアクセスの効率化によって1枚のCNNの処理時間が約175msから約115msへ約60msの処理性能を向上することができました。

リスト6-3:一次バッファを追加したConvolution関数の実行結果

```
root@avnet-digilent-zedboard-2017_2:/mnt# ./CNN_Test11.elf
CNN - Start
Mode: Test
List File: /mnt/list_test.txt
Num of Input Data: 20
File: /mnt/img/Abyssinian_150.bmp(1)
[Answer] 0.973754
File: /mnt/img/Abyssinian_151.bmp(1)
[Answer] 0.999902
...繰り返し処理
File: /mnt/img/shiba_inu_158.bmp(0)
[Answer] 0.638702
File: /mnt/img/shiba_inu_159.bmp(0)
[Answer] 0.180121
UsageTIme: 115.500[ms]
```

```
root@avnet-digilent-zedboard-2017_2:/mnt#
```

上位関数のトレース

前項ではConvolution関数のトレース情報を確認したのですが次はその上位関数CNNLayer関数（Convolution関数とPooling関数を合わせた関数）をFPGA化の対象関数にしてPooling関数にも一次バッファを追加してトレース情報を取得しました。実行結果はリスト6-4のようになり、トレース情報は図6-15のようになりました。

リスト6-4:上位関数のトレースの実行結果

```
root@avnet-digilent-zedboard-2017_2:/mnt# ./CNN_Test12.elf
CNN - Start
Mode: Test
List File: /mnt/list_test.txt
Num of Input Data: 20
File: /mnt/img/Abyssinian_150.bmp(1)
[Answer] 0.991212
File: /mnt/img/Abyssinian_151.bmp(1)
[Answer] 0.708370
...繰り返し処理
File: /mnt/img/shiba_inu_158.bmp(0)
[Answer] 0.002782
File: /mnt/img/shiba_inu_159.bmp(0)
[Answer] 0.684018
UsageTIme: 114.000[ms]
root@avnet-digilent-zedboard-2017_2:/mnt#
```

図6-15:上位関数のトレース結果

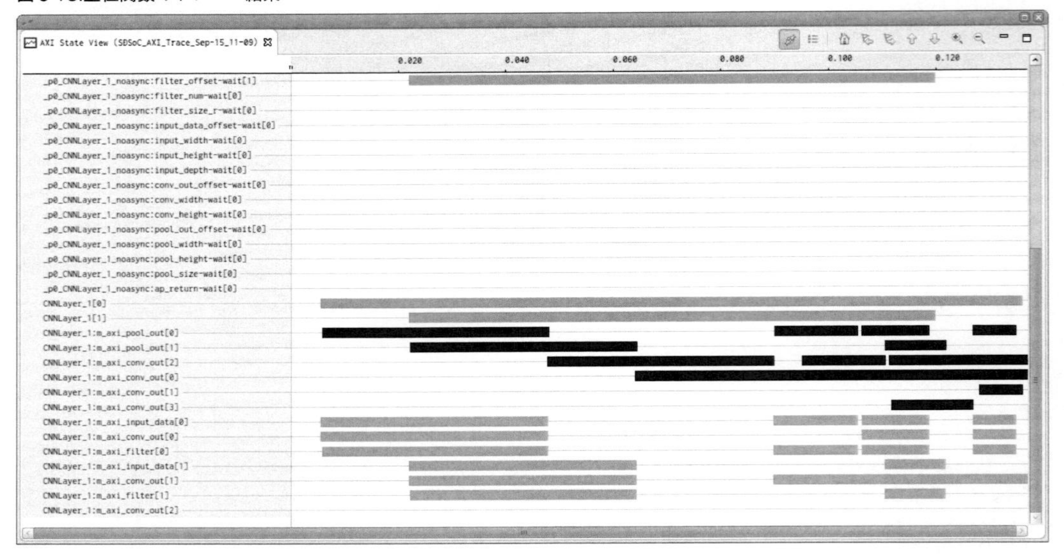

実行結果は約114msであって、Pooling関数の一次バッファの対応では性能向上がほとんど実感することができませんでした。トレース情報を見ると、レイヤ数分のアクセスが見られるようになりました。トレース情報を見てみると、FPGAが得意とする処理のパイプラインが行われていそうな結果が見えています。しかし、残念ながらこのケースでは効果のあるパイプライン処理にはなっていません。次項で効果がでるパイプライン処理が行える施策を施していきます。

メモリアクセス

ソフトウェアをFPGA化するにあたって、どのような点に注目すればよいのでしょうか？FPGAで性能を上げるには図6-16のような処理の流れにすることが望ましく、そこで注目する点は次の2点です。

・共有メモリからFPGAにデータを一括で転送する

・処理をパイプラインで展開できるようにする

図6-16:FPGAで性能向上しやすい処理の流れ

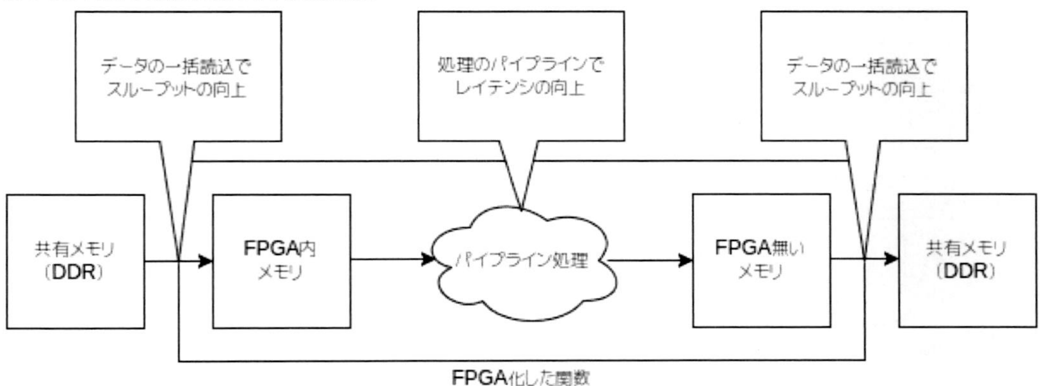

機械学習では特にメモリアクセスがボトルネックとなります。大きなまとまったデータを処理する場合、共有メモリへのアクセスは一括で読み書きするほうが速くなります。逆にランダムでのアクセスはCPUのみで処理するよりも遅くなってしまいますのでランダムアクセスのソフトウェアをFPGA化するのは性能達成には不向きな傾向にあります。

また、FPGA内で閉じて処理できるケースでも共有メモリを介した処理になると性能が低下する恐れがあります。前章のケース4でConvolution関数とPooling関数の2つを別々にFPGA化しましたがデータの流れは図6-17のようになります。Convolution関数が終了すると結果が共有メモリに書き込まれ、Pooling関数が実行されます。

図6-17:ケース4のデータの流れ

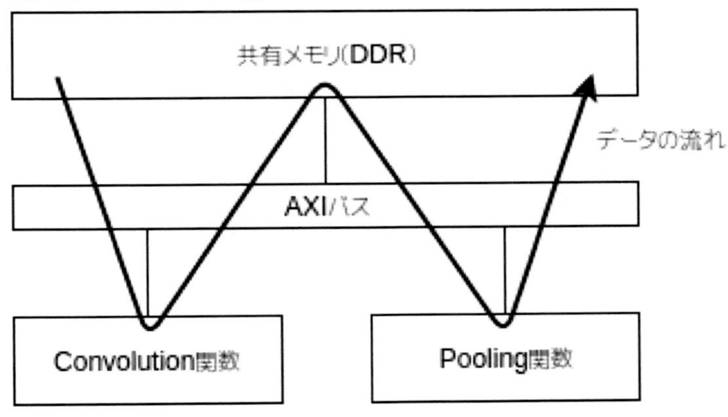

これをConvolution関数とPooling関数を一緒にFPGA化するとデータの流れは図6-18のようになり、Convolution関数の結果はそのまま、FPGA内で保存され、Pooling関数が実行されます。

図6-18:ケース4のデータの流れを改善案

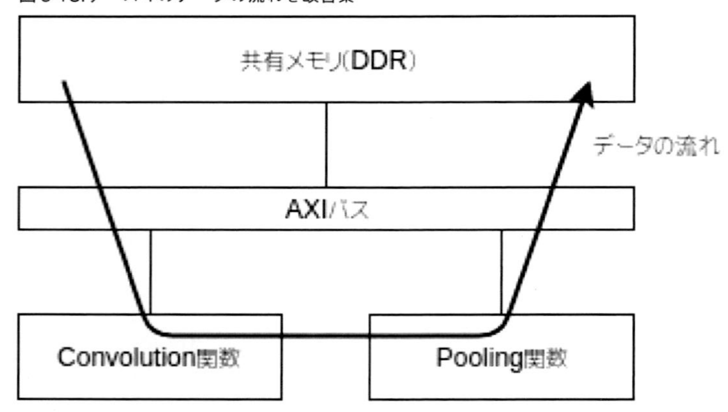

機械学習では小さなデータを並列にたくさん演算する傾向にあるので処理するデータはできるかぎり演算処理前の最初の読み込み時と演算処理後の最後の書き込み時のみ共有メモリにアクセスするように考慮すると性能が向上しやすくなります。

処理部分、例えば演算部分ですがこの部分からも共有メモリへのアクセスを避けるべきです。機械学習のアルゴリズムはランダムアクセスよりも直線的なアクセスが多く、ソースコードを作成しても自然と直線的なアクセスになっているのでまとめて転送しておく方法が性能向上のための有効な手段となります。また本書のソフトウェアではアプリケーションの起動時に各処理で使用するメモリを確保しているのですが、この方法では各処理のデータは共有メモリに集約することを宣言しているようなもので、必ず共有メモリへのアクセスが発生します。ある程度、大きさが決まっているのであれば、関数内で変数を固定的にもってしまうとFPGA化のときにFPGA内へのメモリに置き換わり、性能向上に繋がります。

また、本チューニングでは3つのCNNレイヤをまとめてFPGA化しましたが、レイヤ間のデータも共有メモリに配置しています。すなわち、処理毎にデータが共有メモリ間を行き来します。FPGA化の際には処理で使用するメモリ、すなわち各レイヤ間のデータをFPGA内に閉じるようにするとスループットが向上し、性能が改善されます。そのためにはデータの取り扱い方法などもソースコード上で工夫する必要があります。特にデータの流れなどをソースコード上でFPGAに適した形に変更することも重要な要素になります。

ソースコードのリファクタリング

ソフトウェアのみの場合で処理性能を出す方法を考えてみましょう。例えば、x86やARMではSSEやNEONで実行できるコードを用意して性能を引き出す手段を取ることがあります。その手段としてSSEやNEONを使用するためにコンパイラの特殊命令を使用したり、アセンブラでコードを記述することがあります。nVIDIAのGPUで性能を出すためにはCUDAで専用コードを記述することもあるでしょう。これらと同様にFPGAで処理性能を出すにはソースコードの処理フローを理解し、FPGAで展開できる回路に合わせたソースコードの記述が不可欠になります。そこでソースコードをリファクタリングし、FPGAに展開しやすいソースコードに修正することでFPGAで性能向上を試みることも重要な施策のひとつです。

前章ではCNNのレイヤの1層分のCNNLayer関数（畳み込みと全結合のセット）までFPGA化しましたが、このままでは性能向上に繋がらないのでデータフローが向上しやすいようにリスト6-4で示しているCNNの3つのレイヤと全結合も含めて、CNN全体処理を1つにして性能改善を試みます。そのためには、CNN関数内で実行しているexecCNN関数とForward関数を合わせてCPU側で実行するソースコードとFPGA化にするソースコードに分ける修正が必要になります。

リスト6-4:検討するソースコードの範囲

```
    // 畳み込み+プーリング
    if(!learnmode) st = getusage(); // CNN開始時刻の取得

/* ----- ここから ----- */
    execCNN(cnn_layer_image);

    // 全結合の入力個数の計算
    pool_out_num = cnn_layer_image[CNN_LAYER_NUM-1].pool_width *
                   cnn_layer_image[CNN_LAYER_NUM-1].pool_height *
                   cnn_layer_image[CNN_LAYER_NUM-1].pool_depth;
    // 全結合(パーセプトロン)
    out = Forward(
      cnn_layer_image[CNN_LAYER_NUM-1].pool_out, pool_out_num,
      weight_hidden, weight_out, hidden_data, HIDDEN_NUM);
/* ----- ここまで ----- */
    if(!learnmode) et = getusage(); // CNN終了時刻の取得
    if(!learnmode){
      usage += et -st;
      ++usage_count;
    }
```

ポインタのポインタは処理できない

FPGA化の場合、引数にポインタの中にポインタが含ませられない制約があります。例えば、cnn_layer_image[].filterはcnn_layer_imageの中にfilterのポインタ定義があります。FPGAではこのようなポインタの中のポインタアドレスを展開してFPGAにデータを入出力することはできません。そのため、FPGA化する関数のところで明示的にポインタのみを引きたすように修正する必要があります。例えば、execCNN関数をFPGA化の対象とする場合は注意が必要になります。

メモリアクセスとリファクタリング例

メモリアクセスとリファクタリングの検討結果、次のように改善したリスト6-5のexecCNN関数[2]を作成しました。

・CNNLayerのforループ文を全て展開

・各レイヤのフィルタごとに一次バッファを用意

リスト6-5:リファクタリング後のCNNLayer関数

```
/*
  CNNLayer()関数
*/
#pragma SDS data access_pattern(filter:SEQUENTIAL)
#pragma SDS data access_pattern(input_data:SEQUENTIAL)
#pragma SDS data access_pattern(conv_out:SEQUENTIAL)
#pragma SDS data access_pattern(pool_out:SEQUENTIAL)
#pragma SDS data zero_copy(filter[0:5*5*8-1])
#pragma SDS data zero_copy(input_data[0:60*60*3-1])
#pragma SDS data zero_copy(conv_out[0:56*56-1])
#pragma SDS data zero_copy(pool_out[0:28*28*2-1])
#pragma SDS data mem_attribute(filter:PHYSICAL_CONTIGUOUS)
#pragma SDS data mem_attribute(input_data:PHYSICAL_CONTIGUOUS)
#pragma SDS data mem_attribute(conv_out:PHYSICAL_CONTIGUOUS)
#pragma SDS data mem_attribute(pool_out:PHYSICAL_CONTIGUOUS)
int CNNLayer(
 double *filter,      // フィルタ
 int filter_num,      // フィルタの数
 int filter_size,     // フィルタのサイズ
 double *input_data, // 入力データ
 int input_width,     // 入力データの幅
 int input_height,    // 入力データの高さ
 int input_depth,     // 入力データの深さ
 double *conv_out,    // 畳み込み結果
 int conv_width,      // 畳み込みデータの幅
 int conv_height,     // 畳み込みデータの高さ
 double *pool_out,    // プーリング出力
 int pool_width,      // プーリング後の幅
 int pool_height,     // プーリング後の高さ
 int pool_size        // プーリングのサイズ
)
{
```

```
int i;
int offset;

double buffer00[5*5];
double buffer01[5*5];
double buffer02[5*5];
double buffer03[5*5];
double buffer04[5*5];
double buffer05[5*5];
double buffer06[5*5];
double buffer07[5*5];
double buffer10[60*60*3];
double buffer11[60*60*3];
double buffer12[28*28*2];
double buffer13[28*28*2];
double buffer14[12*12*4];
double buffer15[12*12*4];
double buffer16[12*12*4];
double buffer17[12*12*4];
double buffer20[56*56];
double buffer21[56*56];
double buffer22[24*24];
double buffer23[24*24];
double buffer24[8*8];
double buffer25[8*8];
double buffer26[8*8];
double buffer27[8*8];
double buffer30[28*28];
double buffer31[28*28];
double buffer32[12*12];
double buffer33[12*12];
double buffer34[4*4];
double buffer35[4*4];
double buffer36[4*4];
double buffer37[4*4];

#pragma HLS interface ap_memory port=buffer00
#pragma HLS interface ap_memory port=buffer01
#pragma HLS interface ap_memory port=buffer02
#pragma HLS interface ap_memory port=buffer03
#pragma HLS interface ap_memory port=buffer04
#pragma HLS interface ap_memory port=buffer05
```

```
#pragma HLS interface ap_memory port=buffer06
#pragma HLS interface ap_memory port=buffer07
 if(filter_num >= 0) memcpy(buffer00,
&filter[filter_size*filter_size*0],
sizeof(double)*filter_size*filter_size);
 if(filter_num >= 1) memcpy(buffer01,
&filter[filter_size*filter_size*1],
sizeof(double)*filter_size*filter_size);
 if(filter_num >= 2) memcpy(buffer02,
&filter[filter_size*filter_size*2],
sizeof(double)*filter_size*filter_size);
 if(filter_num >= 3) memcpy(buffer03,
&filter[filter_size*filter_size*3],
sizeof(double)*filter_size*filter_size);
 if(filter_num >= 4) memcpy(buffer04,
&filter[filter_size*filter_size*4],
sizeof(double)*filter_size*filter_size);
 if(filter_num >= 5) memcpy(buffer05,
&filter[filter_size*filter_size*5],
sizeof(double)*filter_size*filter_size);
 if(filter_num >= 6) memcpy(buffer06,
&filter[filter_size*filter_size*6],
sizeof(double)*filter_size*filter_size);
 if(filter_num >= 7) memcpy(buffer07,
&filter[filter_size*filter_size*7],
sizeof(double)*filter_size*filter_size);

#pragma HLS interface ap_memory port=buffer10
#pragma HLS interface ap_memory port=buffer11
#pragma HLS interface ap_memory port=buffer12
#pragma HLS interface ap_memory port=buffer13
#pragma HLS interface ap_memory port=buffer14
#pragma HLS interface ap_memory port=buffer15
#pragma HLS interface ap_memory port=buffer16
#pragma HLS interface ap_memory port=buffer17
 if(filter_num >= 0) memcpy(buffer10, input_data,
sizeof(double)*input_width*input_height*input_depth);
 if(filter_num >= 1) memcpy(buffer11, input_data,
sizeof(double)*input_width*input_height*input_depth);
 if(filter_num >= 2) memcpy(buffer12, input_data,
sizeof(double)*input_width*input_height*input_depth);
 if(filter_num >= 3) memcpy(buffer13, input_data,
```

```
sizeof(double)*input_width*input_height*input_depth);
 if(filter_num >= 4) memcpy(buffer14, input_data,
sizeof(double)*input_width*input_height*input_depth);
 if(filter_num >= 5) memcpy(buffer15, input_data,
sizeof(double)*input_width*input_height*input_depth);
 if(filter_num >= 6) memcpy(buffer16, input_data,
sizeof(double)*input_width*input_height*input_depth);
 if(filter_num >= 7) memcpy(buffer17, input_data,
sizeof(double)*input_width*input_height*input_depth);

/*
 for(i = 0; i < filter_num; ++i){
#pragma HLS UNROLL factor=2
#pragma HLS interface ap_memory port=buffer0
#pragma HLS interface ap_memory port=buffer1
   memcpy(buffer0, &filter[filter_size*filter_size*i],
sizeof(double)*filter_size*filter_size);
   memcpy(buffer1, input_data,
sizeof(double)*input_width*input_height*input_depth);
*/
 // 畳み込みの計算
 Convolution(
   buffer00, // filter
   filter_size,
   buffer10, // input_data
   input_width,
   input_height,
   input_depth,
   buffer20, // conv_out
   conv_width,
   conv_height
 );
 // プーリングの計算
 Pooling(
   buffer20, // conv_out
   conv_width,
   conv_height,
   buffer30, // pool_out
   pool_size
 );

 // 畳み込みの計算
```

```
Convolution(
  buffer01, // filter
  filter_size,
  buffer11, // input_data
  input_width,
  input_height,
  input_depth,
  buffer21, // conv_out
  conv_width,
  conv_height
);
// プーリングの計算
Pooling(
  buffer21, // conv_out
  conv_width,
  conv_height,
  buffer31, // pool_out
  pool_size
);

// 畳み込みの計算
Convolution(
  buffer02, // filter
  filter_size,
  buffer12, // input_data
  input_width,
  input_height,
  input_depth,
  buffer22, // conv_out
  conv_width,
  conv_height
);
// プーリングの計算
Pooling(
  buffer22, // conv_out
  conv_width,
  conv_height,
  buffer32, // pool_out
  pool_size
);

// 畳み込みの計算
```

```
Convolution(
  buffer03, // filter
  filter_size,
  buffer13, // input_data
  input_width,
  input_height,
  input_depth,
  buffer23, // conv_out
  conv_width,
  conv_height
);
// プーリングの計算
Pooling(
  buffer23, // conv_out
  conv_width,
  conv_height,
  buffer33, // pool_out
  pool_size
);

// 畳み込みの計算
Convolution(
  buffer04, // filter
  filter_size,
  buffer14, // input_data
  input_width,
  input_height,
  input_depth,
  buffer24, // conv_out
  conv_width,
  conv_height
);
// プーリングの計算
Pooling(
  buffer24, // conv_out
  conv_width,
  conv_height,
  buffer34, // pool_out
  pool_size
);

// 畳み込みの計算
```

```
Convolution(
  buffer05, // filter
  filter_size,
  buffer15, // input_data
  input_width,
  input_height,
  input_depth,
  buffer25, // conv_out
  conv_width,
  conv_height
);
// プーリングの計算
Pooling(
  buffer25, // conv_out
  conv_width,
  conv_height,
  buffer35, // pool_out
  pool_size
);

// 畳み込みの計算
Convolution(
  buffer06, // filter
  filter_size,
  buffer16, // input_data
  input_width,
  input_height,
  input_depth,
  buffer26, // conv_out
  conv_width,
  conv_height
);
// プーリングの計算
Pooling(
  buffer26, // conv_out
  conv_width,
  conv_height,
  buffer36, // pool_out
  pool_size
);

// 畳み込みの計算
```

```
Convolution(
  buffer07, // filter
  filter_size,
  buffer17, // input_data
  input_width,
  input_height,
  input_depth,
  buffer27, // conv_out
  conv_width,
  conv_height
);
// プーリングの計算
Pooling(
  buffer27, // conv_out
  conv_width,
  conv_height,
  buffer37, // pool_out
  pool_size
);

  // プーリングデータ書き込み先のオフセット計算
//    offset = pool_width * pool_height * i;
#pragma HLS interface ap_memory port=buffer30
#pragma HLS interface ap_memory port=buffer31
#pragma HLS interface ap_memory port=buffer32
#pragma HLS interface ap_memory port=buffer33
#pragma HLS interface ap_memory port=buffer34
#pragma HLS interface ap_memory port=buffer35
#pragma HLS interface ap_memory port=buffer36
#pragma HLS interface ap_memory port=buffer37
  if(filter_num >= 0) memcpy(&pool_out[pool_width*pool_height*0],
buffer30, sizeof(double)*pool_width*pool_height);
  if(filter_num >= 1) memcpy(&pool_out[pool_width*pool_height*1],
buffer31, sizeof(double)*pool_width*pool_height);
  if(filter_num >= 2) memcpy(&pool_out[pool_width*pool_height*2],
buffer32, sizeof(double)*pool_width*pool_height);
  if(filter_num >= 3) memcpy(&pool_out[pool_width*pool_height*3],
buffer33, sizeof(double)*pool_width*pool_height);
  if(filter_num >= 4) memcpy(&pool_out[pool_width*pool_height*4],
buffer34, sizeof(double)*pool_width*pool_height);
  if(filter_num >= 5) memcpy(&pool_out[pool_width*pool_height*5],
buffer35, sizeof(double)*pool_width*pool_height);
```

```
    if(filter_num >= 6) memcpy(&pool_out[pool_width*pool_height*6],
buffer36, sizeof(double)*pool_width*pool_height);
    if(filter_num >= 7) memcpy(&pool_out[pool_width*pool_height*7],
buffer37, sizeof(double)*pool_width*pool_height);
//  }


 return 0;
}
```

リファクタリングしたCNNLayer関数のように、場合によってはソースコードの可読性を無視したソースコードに置き換える必要があります。このようにFPGAへ展開しやすいソースコードは可読性だけでなく改変性も悪くなる可能性があります。本例のように展開したCNNLayer関数をFPGA化して実行するとリスト6-6のような結果を得ることができました。

リスト6-6:

```
root@avnet-digilent-zedboard-2017_2:/mnt# ./CNN_Test22.elf
CNN - Start
Mode: Test
List File: /mnt/list_test.txt
Num of Input Data: 20
File: /mnt/img/Abyssinian_150.bmp(1)
[Answer] 0.973754
File: /mnt/img/Abyssinian_151.bmp(1)
[Answer] 0.999902
<<<繰り返し処理>>>
File: /mnt/img/shiba_inu_158.bmp(0)
[Answer] 0.638702
File: /mnt/img/shiba_inu_159.bmp(0)
[Answer] 0.180121
UsageTIme: 98.500[ms]
root@avnet-digilent-zedboard-2017_2:/mnt#
```

CNNLayer関数をFPGA化することで1枚のCNN処理性能を約115msから約98msへ性能を向上させることができました。

しかし、本例のFPGAの使用率はリスト6-7のようになり、トレースを試みましたが次のエラーが発生し、FPGAの容量不足でトレースを含めたFPGAをコンパイルすることができませんでした。トレースを行うにはさらに大きなデバイスを使用するしかありません。

> ERROR: [VPL 30-487] The packing of instances into the device could not be obeyed. There

> are a total of 13300 slices in the pblock, of which 7564 slices are available, however, the unplaced instances require 9450 slices. Please analyze your design to determine if the number of LUTs, FFs, and/or control sets can be reduced.

リスト6-7：展開後のCNNLayer関数のFPGA使用率

```
* Summary:
+-----------------+---------+-------+--------+-------+
|       Name      | BRAM_18K| DSP48E|   FF   |  LUT  |
+-----------------+---------+-------+--------+-------+
|DSP              |        -|      -|       -|      -|
|Expression       |        -|      -|       0|   3192|
|FIFO             |        -|      -|       -|      -|
|Instance         |       12|    181|   29938|  38683|
|Memory           |      244|      -|       0|      0|
|Multiplexer      |        -|      -|       -|   3525|
|Register         |        -|      -|    5053|      -|
+-----------------+---------+-------+--------+-------+
|Total            |      256|    181|   34991|  45400|
+-----------------+---------+-------+--------+-------+
|Available        |      280|    220|  106400|  53200|
+-----------------+---------+-------+--------+-------+
|Utilization (%)  |       91|     82|      32|     85|
+-----------------+---------+-------+--------+-------+
```

生成される回路規模

execCNN2関数の全結合のForward関数をCPUで演算して、3つのCNNレイヤのみをFPGAの対象とすることを試みます。リスト6-8のように修正し、コンパイルを実行します。

リスト6-8:3つのCNNレイヤをFPGA化

```
int execCNN(
 double *filter0,

 int filter_num0,      int filter_size0,     double *input_data0,
 int input_width0,     int input_height0,    int input_depth0,
 double *conv_out0,    int conv_width0,      int conv_height0,
 double *pool_out0,    int pool_width0,      int pool_height0,
 int pool_size0,
```

```
  double *filter1,
  int filter_num1,      int filter_size1,     double *input_data1,
  int input_width1,     int input_height1,    int input_depth1,
  double *conv_out1,    int conv_width1,      int conv_height1,
  double *pool_out1,    int pool_width1,      int pool_height1,
  int pool_size1,

  double *filter2,
  int filter_num2,      int filter_size2,     double *input_data2,
  int input_width2,     int input_height2,    int input_depth2,
  double *conv_out2,    int conv_width2,      int conv_height2,
  double *pool_out2,    int pool_width2,      int pool_height2,
  int pool_size2
)
{
  CNNLayer(
    filter0,
    filter_num0,
    filter_size0,
    input_data0,
    input_width0,
    input_height0,
    input_depth0,
    conv_out0,
    conv_width0,
    conv_height0,
    pool_out0,
    pool_width0,
    pool_height0,
    pool_size0
  );

  CNNLayer(
    filter1,
    filter_num1,
    filter_size1,
    input_data1,
    input_width1,
    input_height1,
    input_depth1,
    conv_out1,
    conv_width1,
```

```
    conv_height1,
    pool_out1,
    pool_width1,
    pool_height1,
    pool_size1
  );

  CNNLayer(
    filter2,
    filter_num2,
    filter_size2,
    input_data2,
    input_width2,
    input_height2,
    input_depth2,
    conv_out2,
    conv_width2,
    conv_height2,
    pool_out2,
    pool_width2,
    pool_height2,
    pool_size2
  );

 // Forward関数を外に出した

  return 0;
 }
```

コンパイル結果はリスト6-9のようになります。

リスト6-9:3つのCNNレイヤをFPGA化したFPGA使用率

```
* Summary:
+-----------------+---------+-------+--------+-------+
|       Name      | BRAM_18K| DSP48E|   FF   |  LUT  |
+-----------------+---------+-------+--------+-------+
|DSP              |        -|      -|       -|      -|
|Expression       |        -|      -|       0|      8|
|FIFO             |        -|      -|       -|      -|
|Instance         |       48|    246|   85005|  74238|
|Memory           |        -|      -|       -|      -|
|Multiplexer      |        -|      -|       -|    339|
```

```
|Register          |        -|      -|    353|       -|
+------------------+---------+-------+--------+-------+
|Total             |       48|    246|  85358|  74585|
+------------------+---------+-------+--------+-------+
|Available         |      280|    220| 106400|  53200|
+------------------+---------+-------+--------+-------+
|Utilization (%)   |       17|    111|     80|    140|
+------------------+---------+-------+--------+-------+
```

ここで注目すべきは、execCNN2関数からForward関数をCPU側に移動し、FPGA化するソースコードを削減したにも関わらず、FPGAのリソース使用量は増加している点です。これは3つのCNNLayer関数とForward関数を合わせて回路を構成したほうがより効率のよい回路を構成できることを意味しています。このように一概にソースコードの範囲だけでFPGAの回路容量を削減できるわけではないため、どの範囲をFPGA化するかという検討は非常に難しいものがあります。

そして、本章のようにCNNレイヤを分解してソースコードを修正しましたが、このように修正してしまうと、例えばアルゴリズムの変更によってCNNレイヤを追加したり削除したりすることが難しくなってきます。ソースコードのリファクタリングによってソースコードを改修するのはほぼ最終手段と考えるべきでしょう。

このようにハードウェアの制約やSDSoCの制約により、ソースコードをリファクタリングして、大幅に変更しなければFPGA化による恩恵が受けられないケースが多々発生します。また、ソースコードのアルゴリズムが全くハードウェアに適さない場合は、アルゴリズムを根本的に見直し、ハードウェアに展開しやすいアルゴリズムを処理するソースコードに大幅に修正しなければいけないケースもあるでしょう。また、FPGAデバイスの回路容量に収まるようにすることも合わせてFPGA化を試行錯誤する必要もあります。

このようにソフトウェアのFPGA化は様々な試行錯誤を得て、要求性能を満たす方向に進みます。もし、FPGA化を目的とするなら、開発当初からFPGAを意識したソースコードの組み立てを考えるべきです。しかし、現実問題として最初からFPGAへの展開を意識しながらアルゴリズムを開発していくことは難しく、また、実際にFPGAまで意識しながらソフトウェアを開発していくことはソースコードの可読性などからしてもソフトウェアで開発することに対して多くの矛盾が発生します。そのため、ソフトウェアを開発してからFPGAに適用するためのソースコードのリファクタリングも重要な要素と言えます。

HLSプラグマの適用

SDSoCではSDSoCコンパイル用のSDSoCプラグマの他に、高位合成時に使用できるHLSプラグマがあります。SDSoCプラグマでも高位合成用の指示が行われますが、SDSoCプラグマではFPGA化対象関数のシステム的な指示、HLSプラグマはソースコードを回路に展開するための具体的な指示を与えるプラグマになります。FPGA化関数のチューニングでは、HLSプラグマを使用して展開される回路をチューニングして性能を向上できることがあります。HLSプラグマは約２０種類ありますがそのうちでも大きく性能を変えられるのがPIPELINEプラグマとUNROLLプラグマです。

#pragma HLS PIPELINE

ソースコード内の回路をパイプラインで処理するようにします。

#pragma HLS UNROLL

forループ内のソースコードを並列実行できるように展開します。

PIPELINEプラグマ

PIPELINEプラグマは図6-19のように逐次性のある処理を同じ回路を使用しても処理を順番に投入することでスループットを改善できる場合は回路のパイプライン化を行います。

図6-19:PIPELINEプラグマの展開イメージ

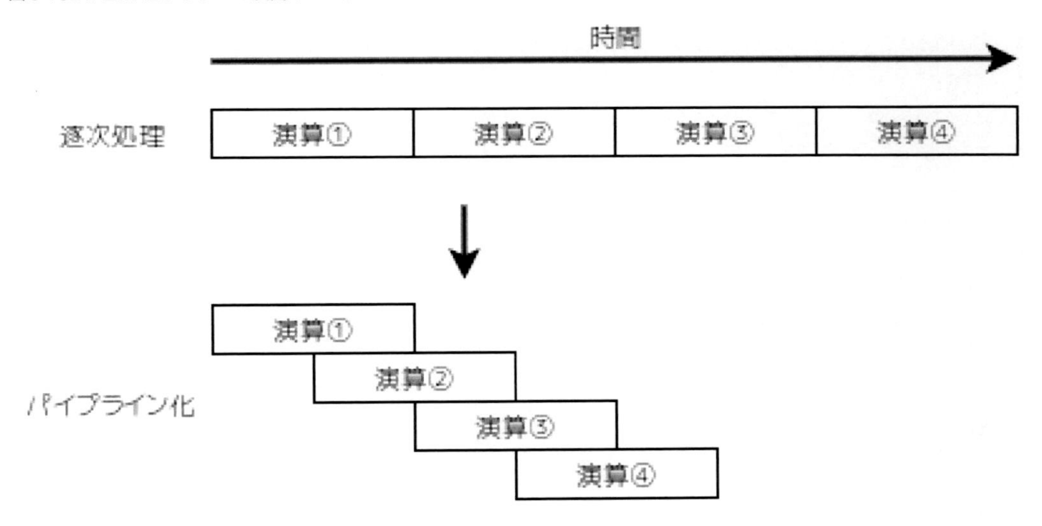

CalcConvolution関数内で実行される演算処理パイプラインで処理されるようにリスト6-10のとおりPIPELINEプラグマを明示的に指示します。

リスト6-10:PILELINEプラグマの適用

```
/*
   CalcConvolution()関数
   フィルタの適用
```

```
*/
double CalcConvolution(
 double *filter,      // フィルタ
 int filter_size,     // フィルタのサイズ
 double *input_data, // 入力データ
 int input_width,     // 入力データの幅
 int input_height,    // 入力データの高さ
 int input_depth,     // 入力データの深さ
 int x, int y         // フィルタの計算位置
)
{
 int m = 0;       // 繰り返し制御用
 int n = 0;       // 繰り返し制御用
 int d = 0;
 double sum = 0; // 総数の値
 int offset;
 int y_start = y - (filter_size / 2);  // フィルタ計算のスタート位置
 int x_start = x - (filter_size / 2);  // フィルタ計算のスタート位置

 for(d = 0; d < input_depth; ++d){
   offset = (input_width * input_height * d);  // 入力データのオフセット
   for(n = 0; n < filter_size; ++n){
     for(m = 0; m < filter_size; ++m){
#pragma HLS PIPELINE
       sum += input_data[offset + ((y_start + n) * input_width) +
(x_start + m)] *
              filter[(n * filter_size) + m];
     }
   }
 }

#if 1
 // 最小値、最大値の計算
 if(sum < 0.0){
   sum = 0.0;
 }
 if(sum > 1.0){
   sum = 1.0;
 }
#endif

 return sum;
```

```
}
```

コンパイルを行うとリスト6-11のような結果となり回路リソースを使用します。

リスト6-11:PIPELINEプラグマを適用した時のFPGA使用率

```
* Summary:
+-----------------+---------+-------+--------+-------+
|       Name      | BRAM_18K| DSP48E|   FF   |  LUT  |
+-----------------+---------+-------+--------+-------+
|DSP              |        -|      -|       -|      -|
|Expression       |        -|      -|       0|    266|
|FIFO             |        -|      -|       -|      -|
|Instance         |      228|    195|   42879|  41233|
|Memory           |       10|      -|       0|      0|
|Multiplexer      |        -|      -|       -|    578|
|Register         |        -|      -|     780|      -|
+-----------------+---------+-------+--------+-------+
|Total            |      238|    195|   43659|  42077|
+-----------------+---------+-------+--------+-------+
|Available        |      280|    220|  106400|  53200|
+-----------------+---------+-------+--------+-------+
|Utilization (%)  |       85|     88|      41|     79|
+-----------------+---------+-------+--------+-------+
```

評価ボードで実行するとリスト6-12のようになりました。

リスト6-12:PIPELINEプラグマの実行結果

```
root@avnet-digilent-zedboard-2017_2:/mnt# ./CNN_Test35.elf
CNN - Start
Mode: Test
List File: /mnt/list_test.txt
Num of Input Data: 20
File: /mnt/img/Abyssinian_150.bmp(1)
[Answer] 0.991356
File: /mnt/img/Abyssinian_151.bmp(1)
[Answer] 0.929784
...繰り返し処理
File: /mnt/img/shiba_inu_158.bmp(0)
[Answer] 0.000199
File: /mnt/img/shiba_inu_159.bmp(0)
[Answer] 0.837573
UsageTIme: 159.500[ms]
```

```
root@avnet-digilent-zedboard-2017_2:/mnt#
```

PIPELINEプラグマを適用してみましたが性能は向上しませんでした。PIPELINEプラグマの指定で逆に時間がかかる展開が行われてしまった結果になります。このように、ケースによっては性能が出なくなるケースを発生しますが、性能がでるかでないかはトライアンドエラーで確認するしかありません。

UNROLLプラグマ

UNROLLプラグマは図6-20のように逐次性のある処理のうち、並列に実行できる処理の並列化を行います。並列化には物理的に処理を行う回路を増やすため、FPGAの使用率が増大します。

図6-20:UNROLLプラグマの展開イメージ

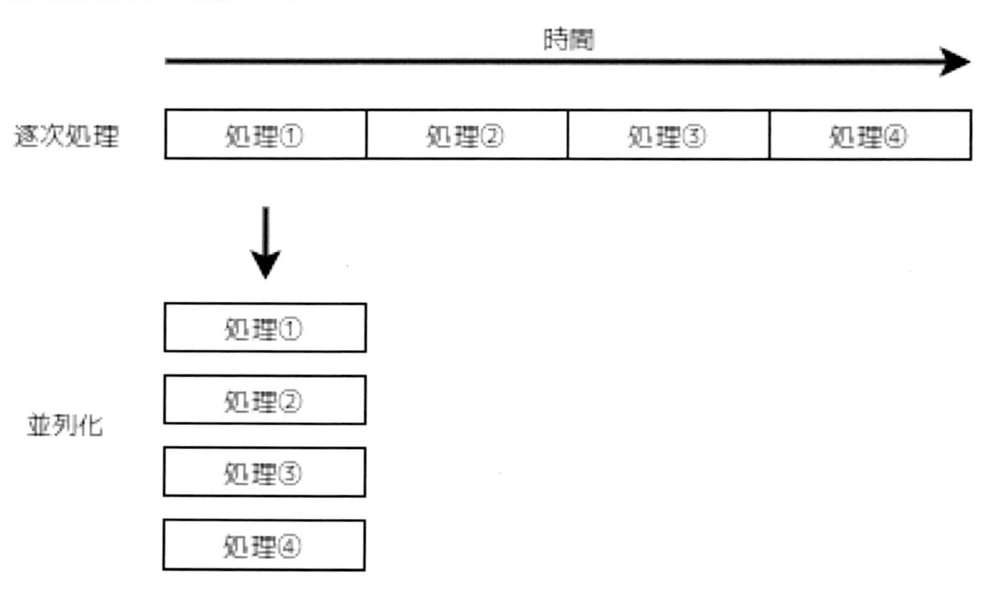

CNNLayer関数のforループ内の処理を並列回路が構成されるようにリスト6-13のとおり明示的に指示します。

リスト6-13:UNROLLプラグマの適用

```
/*
  CalcConvolution()関数
  フィルタの適用
*/
double CalcConvolution(
 double *filter,      // フィルタ
```

```
 int filter_size,     // フィルタのサイズ
 double *input_data, // 入力データ
 int input_width,     // 入力データの幅
 int input_height,    // 入力データの高さ
 int input_depth,     // 入力データの深さ
 int x, int y         // フィルタの計算位置
)
{
 int m = 0;        // 繰り返し制御用
 int n = 0;        // 繰り返し制御用
 int d = 0;
 double sum = 0; // 総数の値
 int offset;
 int y_start = y - (filter_size / 2);  // フィルタ計算のスタート位置
 int x_start = x - (filter_size / 2);  // フィルタ計算のスタート位置

 for(d = 0; d < input_depth; ++d){
   offset = (input_width * input_height * d);  // 入力データのオフセット
#pragma HLS UNROLL
   for(n = 0; n < filter_size; ++n){
     for(m = 0; m < filter_size; ++m){
       sum += input_data[offset + ((y_start + n) * input_width) +
(x_start + m)] *
              filter[(n * filter_size) + m];
     }
   }
 }

#if 1
 // 最小値、最大値の計算
 if(sum < 0.0){
   sum = 0.0;
 }
 if(sum > 1.0){
   sum = 1.0;
 }
#endif

 return sum;
}
```

コンパイルを行うとリスト6-14のようなFPGA使用率となりました。UNROLLプラグマの指

定により、DSP48Eが119%になっていますが、これはあくまで高位合成でのFPGA使用率であり、FPGAの論理合成及び配置配線で不必要なロジックは削除されるのでFPGA化のコンパイルが正常に完了します。

リスト6-14:UNROLLプラグマのFPGA使用率

```
* Summary:
+-----------------+---------+-------+--------+-------+
|       Name      | BRAM_18K| DSP48E|   FF   |  LUT  |
+-----------------+---------+-------+--------+-------+
|DSP              |        -|      -|       -|      -|
|Expression       |        -|      -|       0|    266|
|FIFO             |        -|      -|       -|      -|
|Instance         |      228|    123|   30458|  31334|
|Memory           |       10|      -|       0|      0|
|Multiplexer      |        -|      -|       -|    578|
|Register         |        -|      -|     780|      -|
+-----------------+---------+-------+--------+-------+
|Total            |      238|    123|   31238|  32178|
+-----------------+---------+-------+--------+-------+
|Available        |      280|    220|  106400|  53200|
+-----------------+---------+-------+--------+-------+
|Utilization (%)  |       85|     55|      29|     60|
+-----------------+---------+-------+--------+-------+
```

評価ボードで実行するとリスト6-15のようになりました。

リスト6-15:UNROLLプラグマの実行結果

```
root@avnet-digilent-zedboard-2017_2:/mnt# ./CNN_Test36.elf
CNN - Start
Mode: Test
List File: /mnt/list_test.txt
Num of Input Data: 20
File: /mnt/img/Abyssinian_150.bmp(1)
[Answer] 0.712852
File: /mnt/img/Abyssinian_151.bmp(1)
[Answer] 0.973754
...繰り返し処理
File: /mnt/img/shiba_inu_158.bmp(0)
[Answer] 0.006965
File: /mnt/img/shiba_inu_159.bmp(0)
[Answer] 0.638702
UsageTIme: 93.500[ms]
```

```
root@avnet-digilent-zedboard-2017_2:/mnt#
```

実行結果は約98msから約93msへ約5msの性能向上が見られました。

エミュレータ

SDSoCにはQEmuを使用したエミュレータでアプリケーションを実行することができます。エミュレータを使用すると評価ボードがない状態でもアプリケーションのデバッグを行うことが可能になります。

SDx Project SettingsでGenerate emulation modelにチェックを入れます。この際、bitstreamを作成しないようにするか尋ねてくるダイアログが開くかもしれません。その際Generate bitstreamとGenerate SD card imageのチェックを外します。これでエミュレータで実行する設定ができましたのでビルドします。ビルド完了後、CNN_Test13/Debug/_sds/emulation/sd_card.manifestをテキストエディタで開き、リスト6-16のように追記します。

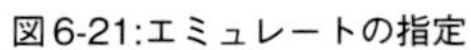
図6-21:エミュレートの指定

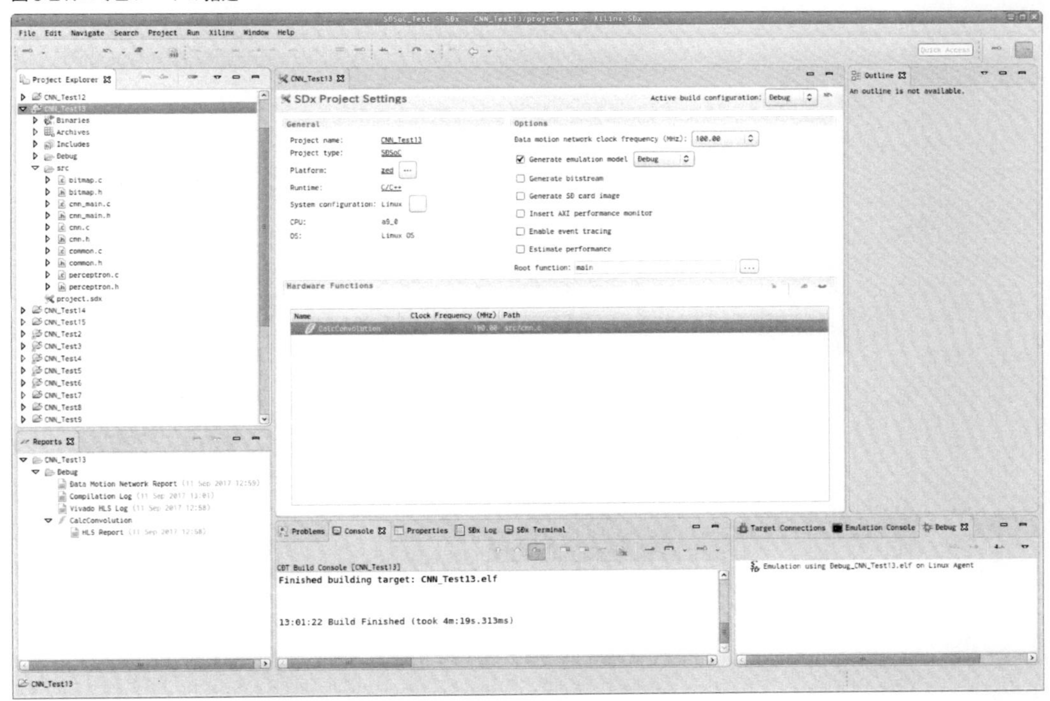

リスト6-16:追加するフォルダやファイル名など

```
/home/hidemi/workspace/SDSoC_Test/CNN_Test13/Debug/CNN_Test13.elf
/work/opt/Xilinx/SDx/2017.2/platforms/zed/sw/linux/image/image.ub
```

```
/work/opt/Xilinx/SDx/2017.2/platforms/zed/sw/linux/boot/generic.readme
/home/h-ishihara/workspace/TestCNN/img
/home/h-ishihara/workspace/TestCNN/list_learn.txt
/home/h-ishihara/workspace/TestCNN/list_test.txt
/home/h-ishihara/workspace/TestCNN/weight_hidden.bin
/home/h-ishihara/workspace/TestCNN/weight_out.bin
```

エミュレータを実行する前に「Xilinx」→「Start/Stop Emulator」をクリックして、図6-22のダイアログの「Start」ボタンをクリックしてエミュレータのエンジンを起動しておきます。エミュレータのエンジンを起動後、図6-23のようにプロジェクトを右クリックして「Debug」→「Emulator」をクリックしてエミュレータを起動します。

図6-22:エミュレータのStart/Stopダイアログ

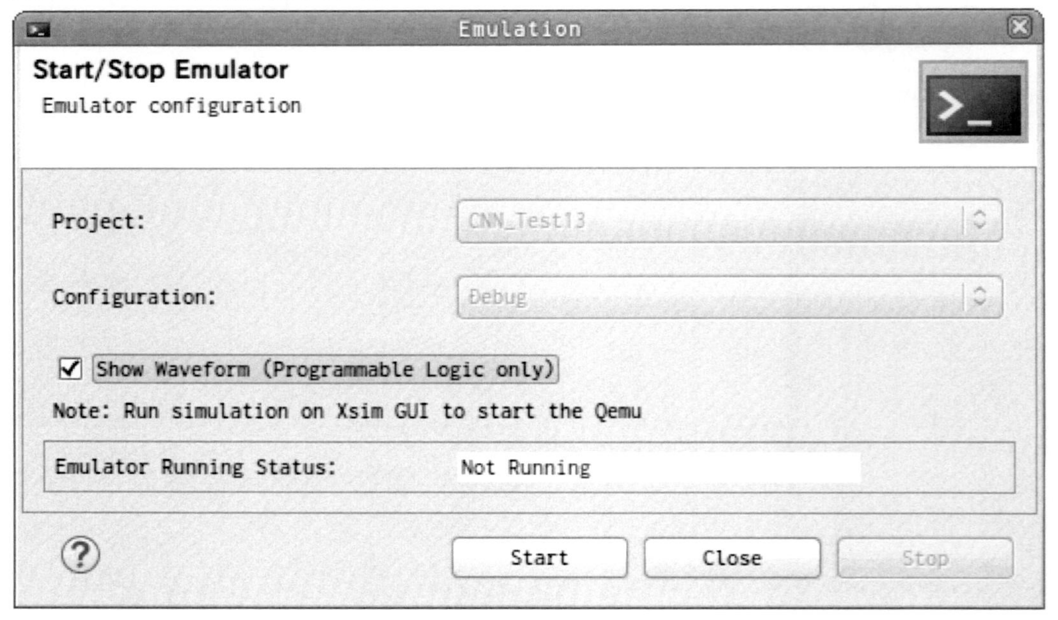

図6-23:「Launch on Emulator」の選択

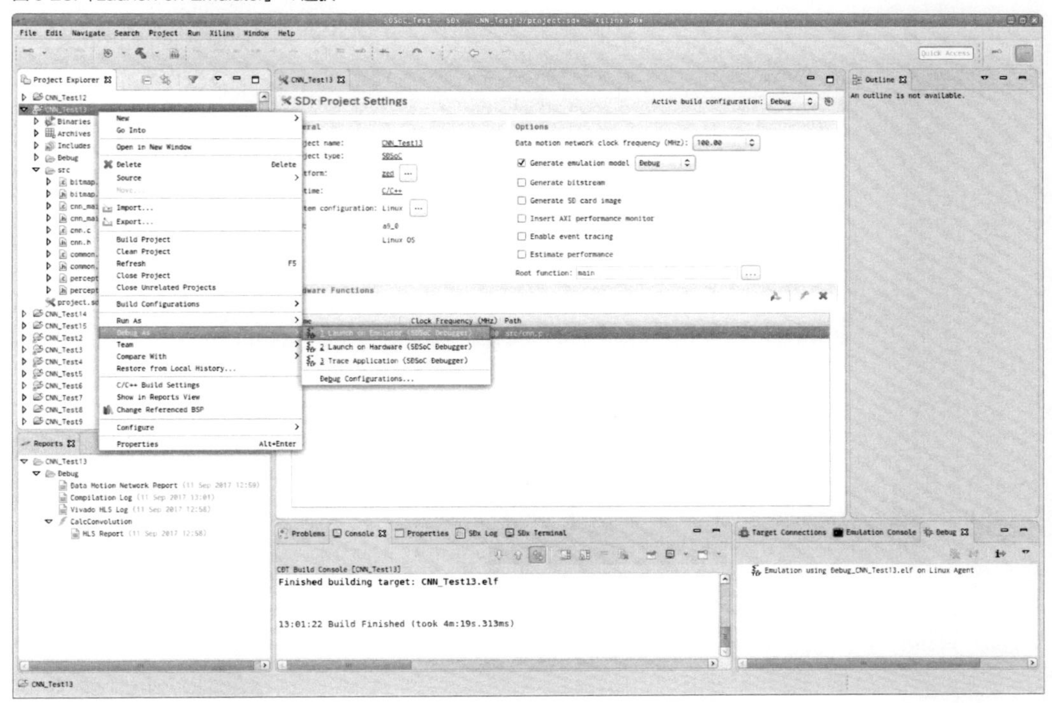

エミュレータを起動すると図6-24のようにFPGA化した関数の動作状況を確認できる波形ウィンドウ(Vivadoのシミュレータ)が起動します。波形ウィンドウから「Window」→「Waveform」をクリックし、波形表示タブを開き、「Scope」から表示したい信号[3]を波形表示タブに追加します[4]。

図6-24:波形ウィンドウ（Vivadoシミュレーション）

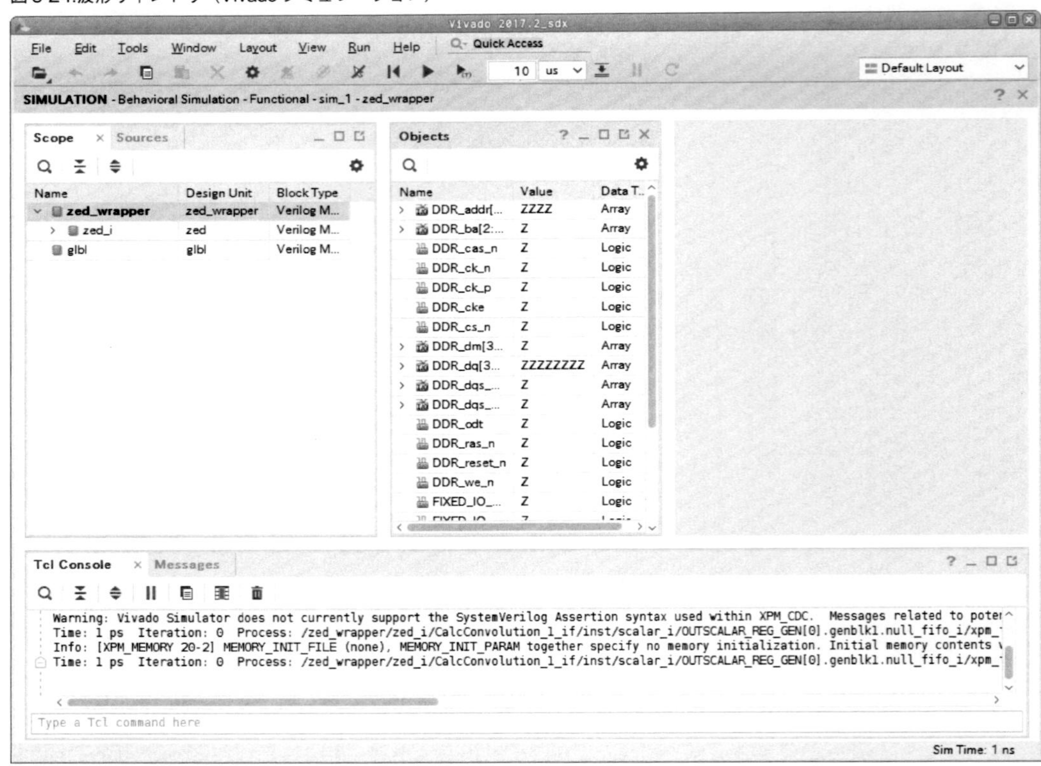

波形が追加できたら、「Run」→「Run All」又はF3キー又はボタンをクリックし、図6-25のように波形表示を動作させます。FPGA化した関数の信号エミュレータで確認する場合はFPGA化した関数を実行（シミュレーションを動作）させておく必要があります。

図6-25:FPGA化した関数の実行波形

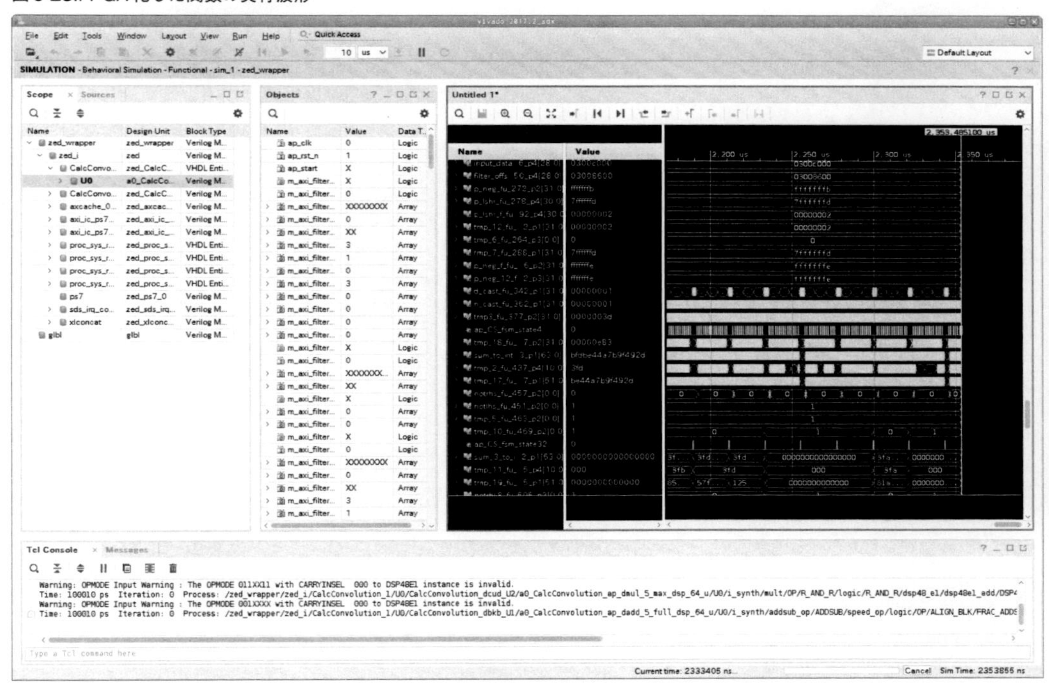

ここまでがエミュレータの準備となります。SDSoC上の「Emulation Console」タブでリスト6-17のようにコマンドを実行すると評価ボードと同じようにアプリケーションを実行すると、図6-25のようにFPGA化した関数の動作状況を確認することができます。

リスト6-17:エミュレータ上でコマンドの実行

```
$ cd /mnt
$ ./CNN_Test13
```

エミュレータは単純な動作確認とFPGA内部信号の確認を、評価ボードがなくても検証ができるため非常に便利な機能です。これらの機能も合わせて機能や性能確認を行って、システム要求に対してベストな実行結果を得られるよう挑戦してください。

1. 初回実行前に設定を行えないようですので、初回のみ設定項目を生成させるための実行を行います。

2.SDSoCでFPGA化する関数の先頭文字を"_"（アンダースコアー）にすることは禁止です。

3. ここでの表示したい信号とはFPGA化した関数が高位合成によって生成される回路の信号になります。

4. 図6-25は波形表示タブには表示したい信号の波形を実行している様子になります。

あとがき

本書をお手に取って頂きありがとうございます。本書を読み終えて、このように感じられたのではないでしょうか？

「ソフトウェアの一部をFPGA化して性能を満たすことは難しい」

SDSoCをはじめ、フリーの高位合成ツールが多く使われるようになってまだ日が浅く、ソフトウェア・エンジニア目線での知見が豊富ではありません。そのため、高位合成ツールも最適化の手段や手法を模索している最中ともいえます。そのために、例えばプラグマの挿入位置が明確に定まっていなかったり、性能を引き出すための方策がまだまだ発展途上にあることは確かです。今後はツールの使用例が増え、ますます簡単にFPGA化することが可能になることをツールメーカに期待しています。

そして本書で述べたように、FPGAの特性に合わせたソースコードのリファクタリングだけではその性能を満足させることは難しいのが実情です。本書の場合CNNでは変数を倍精度浮動小数点で行いましたが、最終的な性能を求めるためには変数を単精度や半精度浮動小数点をしようしたり、はたまた、バイナリでの演算にするようなアルゴリズム自体を変えてしまうようなリファクタリングも必要になってきます。

一筋縄ではいかないことが多いですが、機械学習は繰り返し演算が多く、FPGA化によって性能向上を期待はできることは確かです。読者の皆さんにはぜひたくさんのチャレンジをしていただいて、高い性能の機械学習のアルゴリズムであったり、高性能のAIチップなどが登場することを期待しています。

著者紹介

石原 ひでみ (いしはら ひでみ)

大手メーカでLSI設計、放送・通信機器、ハードウェアOSのベンチャー参画のあと、設計コンサルタントとして活動中。
FPGAマガジン(CQ出版)にて、執筆活動中。
「ひでみのアイデア帳」(http://sweetcafe.jp/)にて、FPGA関係の情報を発信中。

◎本書スタッフ
アートディレクター/装丁：岡田章志＋GY
編集協力：山下 良蔵、飯嶋 玲子
デジタル編集：栗原 翔

技術の泉シリーズ・刊行によせて

技術者の知見のアウトプットである技術同人誌は、急速に認知度を高めています。インプレスR&Dは国内最大級の即売会「技術書典」（https://techbookfest.org/）で頒布された技術同人誌を底本とした商業書籍を2016年より刊行し、これらを中心とした『技術書典シリーズ』を展開してきました。2019年4月、より幅広い技術同人誌を対象とし、最新の知見を発信するために『技術の泉シリーズ』へリニューアルしました。今後は「技術書典」をはじめとした各種即売会や、勉強会・LT会などで頒布された技術同人誌を底本とした商業書籍を刊行し、技術同人誌の普及と発展に貢献することを目指します。エンジニアの"知の結晶"である技術同人誌の世界に、より多くの方が触れていただくきっかけになれば幸いです。

株式会社インプレスR&D
技術の泉シリーズ　編集長　山城 敬

●落丁・乱丁本はお手数ですが、インプレスカスタマーセンターまでお送りください。送料弊社負担にてお取り替えさせていただきます。但し、古書店で購入されたものについてはお取り替えできません。
■読者の窓口
インプレスカスタマーセンター
〒101-0051
東京都千代田区神田神保町一丁目105番地
TEL 03-6837-5016／FAX 03-6837-5023
info@impress.co.jp
■書店／販売店のご注文窓口
株式会社インプレス受注センター
TEL 048-449-8040／FAX 048-449-8041

技術の泉シリーズ

ソフトウェア技術者のためのFPGA入門機械学習編

2017年10月13日　初版発行Ver.1.0（PDF版）
2019年4月5日　Ver.1.1

著　者　石原 ひでみ
編集人　山城 敬
発行人　井芹 昌信
発　行　株式会社インプレスR&D
〒101-0051
東京都千代田区神田神保町一丁目105番地
https://nextpublishing.jp/
発　売　株式会社インプレス
〒101-0051　東京都千代田区神田神保町一丁目105番地

印刷・製本　京葉流通倉庫株式会社
Printed in Japan

ISBN978-4-8443-9800-4

NextPublishing®
●本書はNextPublishingメソッドによって発行されています。
NextPublishingメソッドは株式会社インプレスR&Dが開発した、電子書籍と印刷書籍を同時発行できるデジタルファースト型の新出版方式です。 https://nextpublishing.jp/